肉食

中菜精品烹飪大系

中國烹飪協會名廚專業委員會　主編

橘子文化事業有限公司　出版

國家圖書館出版品預行編目（CIP）資料

中菜精品烹飪大系：肉食 / 中國烹飪協會名
廚專業委員會作. -- 初版. -- 臺北市：橘子
文化, 2014.05
　　面；　　公分
　　中英對照
　　ISBN 978-986-6062-81-0（平裝）

　1.肉類食譜　2.飲食風俗　3.中國

427.11　　　　　　　　　　　　103000152

中菜精品烹飪大系：肉食

編　　著　中國烹飪協會名廚專業委員會
顧問（香港）石健
編　　輯　祁思
助理編輯　廖江莉
封面設計　吳明煒
設　　計　萬里機構製作部

出 版 者　橘子文化事業有限公司
　　　　　萬里機構出版有限公司　聯合出版
總 代 理　三友圖書有限公司
地　　址　106台北市安和路2段213號4樓
電　　話　(02) 2377-4155
傳　　真　(02) 2377-4355
E-mail　　service@sanyau.com.tw
郵政劃撥　05844889　三友圖書有限公司

總 經 銷　大和書報圖書股份有限公司
地　　址　新北市新莊區五工五路2號
電　　話　(02) 8990-2588
傳　　真　(02) 2299-7900

http://www.ju-zi.com.tw
三友圖書
友直 友諒 友多聞

初　　版　2014年五月
定　　價　新臺幣450元
　ISBN　　978-986-6062-81-0（平裝）

出版說明

經典承傳・時代精品・創新演繹

中國幅員遼闊，食材琳琅滿目，加上現代物流暢達，廚師無論身處何方，都可以從心所欲地應用來自全國以至海外的食材和調料，配合所在地的地方特產，通過不同的烹調技法相互結合，巧妙地將個人風格融入不同口味的菜品中，讓每位品嚐者雖吃同名的一道菜，但滋味各不同！這充分體現了中國烹飪技藝的深厚內涵。

今次出版的《中菜精品烹飪大系》，匯集了中國各省市100位著名烹飪大師，展示不同菜系的數百道經典名菜，其中大部分還經過名廚們別出心裁的創新。本叢書以食材作分類，包括《魚鮮》、《蝦蟹甲貝》、《肉食》、《家禽》、《山珍海味》和《蔬果豆品》六冊，每書收錄一百多道菜，每道菜都介紹其特點和主要烹調技法，説明主料、配料、調料和製作步驟，還指出製作關鍵。本叢書網羅的菜式，源於大江南北，橫貫中國東西，在此平台上盡展現代中菜多姿多采的風貌，讓讀者盡賞華夏廚藝絕技。叢書並可為有經驗的烹飪者提高中菜烹飪境界，又為餐飲業界提供創新菜單的借鑒。食譜的寫法，盡量保持原貌，讓讀者亦可一窺烹飪大師們的筆下風采。需要説明的是，成菜味道，各師各法，書中食譜均不詳列配料及調料份量，有經驗的烹飪者憑經驗搭配，當能成就具個人風格的好菜。

本叢書承蒙美食家吳恩文、香港中華廚藝學院前總監（現任國際廚藝學院顧問）黃偉中先生撰序推薦，香港餐務管理協會顧問黎承顯先生為各冊撰寫前言，又蒙香港餐務管理協會主席楊位醒先生、彩福婚宴集團董事長兼出品部總監何志強先生、愛斯克菲法國廚皇美食會大使暨中國飯店業協會廚藝大師黃健欽先生、中國國際名廚級烹飪名家蔡潔儀女士等飲食界前輩審閱指導，謹此敬謝。

序

「民以食為天」。人類從茹毛飲血到鑽木取火、炮生為熟，烹飪技術隨著人類的進化、社會的發展而發展，不僅促進了社會生產力的發展，也促進了烹飪事業的發展。

中國飲食有著數千年深厚的歷史文化底蘊，在距今七八千年的新石器時代的龍山文化遺物中，就發現了大量的烹飪器具。中國的烹飪技藝早就以其技藝精湛、花樣品種繁多、色香味形器俱佳而馳譽世界。烹飪技藝是中國民族文化的重要組成部分，不僅具有悠久的歷史、光輝的過去，更有著燦爛的未來！

中國地大物博，資源豐富，人傑地靈。受此影響，中國菜點也具有了文明大國的泱泱之風：不同特點的民間地方菜、宮廷菜、官府菜、民族菜和宗教寺院素食菜構成了中國菜點的主體。

中國菜點，選料嚴格，刀工精細，變化多端，講究拼配藝術，注重把握火候，妙在鼎中之變，巧在以味為美。

新時代中國烹飪在不斷取得新的發展和進步，餐飲烹飪業的從業人員與時俱進，把民以「養」為本作為烹飪工作的主題，使中國菜點不僅講究色、香、味、形、器，而且更講究綠色食品、衛生安全、合理搭配，注重營養和飲食文化。創新了相互包容、各具特色、令人目不暇接、讚不絕口的大批新菜、新點，進一步繁榮了中國餐飲市場，餐飲業出現了空前的興旺發達。

面對當今社會餐飲業的繁榮景象，感謝中國廣大廚師和餐飲業的所有從業人員，為餐飲市場的興旺發達所付出的辛勤努力！特別要感謝著名的烹飪大師們！優秀的廚師代代相傳、人才輩出，他們本著「繼承、發揚、開拓、創新」的精神，尊師愛徒、努力學習、刻苦鑽研、不斷研究、創新發展，緊緊結合社會的發展和時代的進步，千方百計地滿足新世紀人民對餐飲文化的需求。

為使中國烹飪大師的優秀技藝代代相傳，為使中國烹飪大師進一步名揚世界，為進一步弘揚中國的飲食文化，為使廣大烹飪愛好者更好地學習、借鑒，《中菜精品烹飪大系》出版了！這是在中國烹飪協會領導下，由中國著名烹飪大師精心製作、相互配合、認真編撰、共同努力的可喜成果！我表示衷心地祝賀！

《中菜精品烹飪大系》是中國烹飪協會組織其下屬名廚專業委員會100名委員共同編著的著作。叢書匯集了東西南北各個菜系的經典名菜和大師們獨具匠心的創新菜品。烹飪大師們憑著對烹飪技術孜孜不倦的執著、唯美追求，挖掘了無窮的潛力和智慧，把琳琅滿目、品種多樣的食物原料、調料通過不同的刀工、火候、技法相互結合、滲透，巧妙地利用練就的烹飪技藝，將四面八方具有不同風格、特點、口味的菜品完美地融合，做細、做精，使餐飲品位就像魔方一樣變化無窮！享受不盡！這充分體現了中國烹飪技術的深厚內涵和文化底蘊。

相信，本叢書的出版，必將喚起更多人對烹飪事業的熱愛，必將讓更多的烹飪愛好者為中國烹飪藝苑中別具風采的奇花異草而感到驕傲和自豪！

蘇秋成

中國烹飪協會會長

推薦序

中華廚藝是一門博大精深的學問，它的歷史源遠流長，隨著不同時期的文化、社會、經濟及政治環境的轉變，菜餚的口味和風格亦相應地融入當代的色彩。中華廚藝作為中華文化的一部份，是極需要有系統地保存；這樣，珍貴的飲食文化才得以廣傳千里、流傳萬世。

是次萬里機構把中國烹飪協會專業委員會編撰的「100位中國烹飪大師作品集錦」之版權購入，並與台灣出版機構合作出版繁體字版本「中菜精品烹飪大系」，將超過七百道別具代表性的中式菜餚重新整理，呈現於香港及台灣的讀者眼前，使傳統名菜得以保留及廣泛流傳下去，為中華飲食文化起了推動作用，實在值得嘉許。故當香港餐務管理協會主席楊位醒先生及顧問黎承顯先生邀請本人為此書撰寫序言時，本人欣然答應。

中華廚藝學院自千禧年成立以來，亦是本著同一理念，匯聚香港特別行政區政府、職業訓練局以及香港飲食業界三方的力量，為中式餐飲業提供有系統的人才培訓，把中華廚藝這個珍貴的文化瑰寶透過專業的中廚師培訓，「承先啟後，薪火相傳」。我們一直支持業界舉辦各種交流活動，更鼓勵分享各式食譜，將它結集成書。「中菜精品烹飪大系」輯錄了中國各大菜系，菜式各有特色。此叢書收集了100位烹飪大師的作品，每位均是傳承和創新中國烹飪的翹楚，年輕廚師及同業若能參考到名家的廚藝作品，有助啟發創作靈感及提高廚藝技巧，實在難能可貴。

黃偉中

前中華廚藝學院總監
現任國際廚藝學院顧問
二零一三年十二月

推薦序

中華料理經歷了幾千年的更迭，除了隨時代潮流更新，不斷有改良，抑或是創新的創意料理外，能經歷的這幾千年歷史的經典菜色，更是不可輕忽。在台灣，許多由政府推動的美食宣傳中，經常提到台灣美食的精彩之處，是五〇年代後，有許多來自中國各省的優秀廚師，群聚台灣這個小島嶼，不但保存了中華各大菜系的精華，還融合了創新的滋味，可是，這個優勢似乎逐在慢慢消失當中，因為老一輩的中菜師傅已逐漸凋零，但卻還看不到新一代的中菜接班人站出來。

在廚師的學徒制漸漸被餐飲學校取代之後，所有學藝之路跟著標準化、透明化，同時也更學術化了，現在的學生，只要一進入餐飲科系，不管中餐、西餐、異國料理……什麼都要學，短短四年結業後立刻進入職場，但，中菜的技藝浩繁如星，所需積累的經驗和實力，豈會是四、五年在學校就學得會的？於是，若你走一遍西餐廳或是日本料亭，常可看見年輕師傅的面孔，卻看不到年輕廚師自立門戶開起中菜館，這是有些嚴重的事。若是我們的餐飲學校、文化潮流，只重西餐，不重中餐，也許以後，我們再也吃不到像樣的東坡肉和宮保雞丁，那景象將會多麼驚人！

《中菜精品烹飪大系》這一系列套書分成魚鮮篇、蝦蟹甲貝篇、肉食篇、家禽篇、山珍海味篇和蔬果豆品篇，是中國的烹飪協會旗下的100位廚師共同創作而成，裡頭除了集結了中國各地北東南西各個菜系的經典料埋，更有著各個廚師精心規畫的創意菜色，可說是難能可貴。一旦讀過了這本匯集了近100位頂級中國烹飪大師的精華作品，也可算是已經一覽了現代中菜的概貌，十分適合新一輩的年輕廚師們做為參考與啟發創作靈感。所謂中菜，是需要透過觀察、觀摩，並多方吸收知識，參考頂尖師匠的創作思維與料理工序，才可逐漸爐火純青。希望未來台灣對中菜的重視可以逐漸回溫，期許年輕廚師們將屬於台灣滋味的中菜發揚光大，並流傳下去。

美食家

目錄

牛

羊及其他

畜肉：蛋白質之源

　　豬牛羊等肉食提供了豐富的蛋白質，是人體生長發育不可或缺的材料。

　　要揀選好的食材，進行外觀鑒定是第一步，如凍肉要包裝完整，產地無誤，重量足，硬度結實；水盤類則要泡發適宜，肉質鬆軟適中等。

　　肉的品質好壞以肉的新鮮度來確定。政府部門對於生肉也有嚴格的控制，主要是從生物鑑定方面，檢驗肉類是否受到細菌，寄生蟲等有害污染。

　　食肆有關人員則主要從肉類的外觀、軟硬度和氣味幾方面的狀況來分別其新鮮度：鮮肉的表皮微微乾燥，色澤光潤，不黏手；肉質纖維緊密，富有彈性，用手按下，能迅速恢復原狀。如肉質鬆軟無彈性，甚至肉質發生嚴重變壞時，用手也能將肉刺穿，問題就大了。新鮮肉類具有其特有氣味，不新鮮的肉會發出酸氣或霉臭氣味，所以我們應該多從感官及接觸等兩方面觀察其新鮮度。

　　切割肉類，如豬肉切片用企刀切，應從橫紋落刀，切絲則用直紋，口感才佳，也不會韌。直紋切肉片則韌，橫紋切絲則碎。此外若放平刀片薄，再加工醃製，則橫直紋切割一樣好吃了。醃製之法是先用生粉（澱粉）、鹽糖味加水、廚酒少許醃過，之後加入少許生油攪拌醃十多分鐘即可。

　　至於牛肉，若係質老筋多，也宜橫着纖維紋路來切，才能把筋切斷，如不橫切，烹製後肉質變老韌，久嚼不爛。

豬肉

　　中國人肉食重豬，行文時單一「肉」字，即指豬肉。

　　國人食用豬肉的歷史在千年以上，最早的食用方式用火炙之，有史可稽則始於北魏的《齊民要術》「炙小豚」一節，詳細記載了燒乳豬的工序。其中「緩火遙炙」，還為今天人們所重用，把豬放於離火較遠處燒，以人手慢慢轉動，使火力均勻，不致燒焦。談到皮色如「琥珀」、口感「入口則消」者，那該是今天崇尚的「化皮乳豬」了。

　　豬隻也有名種，本書食譜舉例有「巴馬香豬」，那是產於廣西巴馬瑤族自治縣的豬隻，以皮薄、瘦肉多和肉味特別清香而著稱。香港市場上的「西班牙黑毛豬」、日本的「伊達赤豚」「鹿兒島黑豚」

「沖繩紅豚」、美國的「蛇河極黑豚」、英國的「伯約夏豬」，都是當中表表者。

中國人重視食療，在與疾病作鬥爭的漫長歲月中，累積了不少寶貴經驗，總結出了豬肉及其內臟各部位對人體抗病防病的功效，並將之配合藥材或加入其他配料，成為食譜，使人們在享用美食的同時，不知不覺地吸收其精髓。

譬如菜乾南北杏煲豬肺，就是秋燥時一款清肺熱療咳嗽的絕妙好湯。豬肝蛋白質豐富，是補肝明目的妙品。豬心有鎮靜安神作用。胰臟（俗稱豬橫脷）煲粟米鬚，對治療糖尿病有顯著效果。至於豬腰治腎虛、豬腦調理神經衰弱，很多人在實踐過程中都了解到它們的功用。

翻開各地的菜譜，便會發覺不少地方名食，用料是平庸的「豬下水」（豬雜）。譬如川菜的肝膏湯、淮揚菜的糖醋腰片、京菜中的水爆肚仁、爆腰花、油爆雙條……等等。

豬的很多部位，都有特別吸引人的地方。肚仁和豬腰，以爽口贏得了食家稱譽。用滷水炮製的豬頭肉，煙煙韌韌，和味而有嚼頭，清代美食家袁子才也為之擊節讚賞，一時傳為佳話。豬耳朵啖來「索索」有聲，口感美妙。俗稱「豬天梯」的管廷，更有「卜卜脆」的效果。安徽名食中，有味蝦子爆管廷，鮮香惹味，爽口彈牙，令人回味無窮。

至於西餐，則較少用豬的內臟，多以豬柳入饌，而沙樂美（Salama）和各種腸仔，都是以豬肉做餡的。

本書由各地名廚演繹了豬的食製，值得各位細加參考。書內食譜雖多寫作使用五花肉，但其實在粵廚中，豬的全身是可以細分為多個部位的，以下試作簡述：

梅頭（脢頭）：去骨後所得的肩胛肉。瘦肉多，肥肉佔兩成。脂肪分佈均勻。常以油炸或是焙燒的方式來處理，例如咕嚕肉、叉燒。用作蒸、炒亦宜。

飛排（湯骨）：梅頭邊的脊背，唐排側的邊骨。煲湯最適合，若作蒸排骨則略嫌瘦而骨硬，但味道很好。

唐排：豬的頸和胸部之間、連骨帶肉的肋骨。肉味鮮，有脂肪而不多。蒸、燜俱宜。煲湯味濃帶膠質。

赤肉：分前赤、後赤。肉身紋理較幼細，煲後肉質依然腍滑。多用作煲上湯。

西施骨：在肩胛位之肩胛骨。脂肪較少，無骨髓，最宜煲清湯。

腿骨：骨髓較多。煲菜湯，湯香菜滑。

豬扒：豬的背肌，全隻豬最長的一段肌肉。蒸、炸、煎、燒烤樣樣俱宜。

脊骨：軟骨多，煲湯湯味濃，亦用作蒸或燜排骨。

豬柳：脊背左右各一條。因此部份運動量少、脂肪含量少，是豬肉中最嫩

的部位。

一字排（排骨）：包含肋骨、肋軟骨及覆蓋在肋骨外面和肋骨之間的薄肉。適宜蒸、燒或製作鎮江骨、京都骨，有脂肪，但較腩排少。

豬腩排（腰肋骨）：豬腹腔靠近肚腩部分、連骨帶肉的肋骨，軟骨多而硬骨少。它的肉層比較厚，脂肪較多，尤以近肚腩處為甚。

豬腩肉（五花腩、腩仔）：豬腹腔靠近肚腩、帶脂肪層的肉；肥多瘦少，其脂肪含量是全豬最高的。從側面可看到五層厚薄不同的肥、瘦肉相間連合，故以得名。可與瘦肉結合製成餡料或製作菜餚。適宜烹調方法有醬滷、燜燉、烘焙、紅燒等。加工燒烤成燒腩仔，食法亦多。

豬瘦肉：肉質纖維緊密，做小菜最佳材料。若用作煲湯，湯味濃但肉不好吃，粗糙。

豬脹：豬前、後小腿去骨後所得的肉塊。其肌肉纖維較粗，夾雜的筋膜較多，惟肉味香濃，適宜的烹調方法有紅燒、醬滷、清燉、燜燉、蒸煮等。

豬腳骨（筒骨）：煲湯味淡，通常用作煮豬骨水配合其他食材，取其湯水有豬肉味。也有作打邊爐豬骨煲材料之一，因骨髓多，方便給客人用飲筒吸啜。

豬脾肉（後腿肉、臀肉）：肉質細嫩味美，脂肪含量少。由於此部位脂肪含量、夾雜的筋膜較少，一般多用作瘦肉；切絲、切丁、切塊或絞碎均可。

豬頸肉（肉青）：為豬面頰至下顎之間帶脂肪層的肉，其肥瘦混雜，看似肥膩，但脂肪含量不太高，肉質粗而帶韌性。可作熬油、切片或造成免治豬肉，適宜作煎、炒、炭燒、烘烤、燜煮等處理。

豬蹄肉（不見天、豬腱肉）：為豬前腿的上部、去骨後所得的肉塊。肌肉纖維較粗，夾雜的筋膜較多，但鮮香味濃，可切成肉絲、肉片、肉丁或碎肉之用。

豬蹄膀（豬手、豬蹄）：豬前腿的上部、連骨帶肉的部位。適宜紅燒、燉湯、蒸煮、燒烤、醬滷等。

豬經過燒製成為燒豬，也有很多名堂。通常在2個月內的小豬，重2-10斤的為乳豬；2-3個月，重20-45斤的是中豬；3個月以上的則為大豬了。加以燒製，面頰兩邊叫豬面肉；豬頭與豬身之間的肉叫不見天；豬前腿對上的肉稱豬蹄，最為軟腍；豬肋骨至肚的位置為腩位；豬後腿附近的腩位叫水腩；臀部則稱「沙梨篤」，肉味最濃。

牛肉

牛肉菜式，論花樣與受重視程度，中菜無論如何及不上西菜，即以牛仔肉而言，翻開西菜食譜「牛仔肉」項下，各國的名食佔了一大堆，都認為牛仔肉纖維嫩滑，入口不費牙力，滋味鮮美，是

牛肉的上品。

傳統中菜並無使用牛仔肉，相信是人們對牛的觀念不同所致，中國是以農業為主的國家，而長期以來，公牛都是農業生產中的重要勞動力，宰殺耕牛是一種「罪過」，隋代曾頒佈「斷屠令」以保護耕牛，牛犢更在受保護之列。

牛肉有種奇怪的物性，生吃時柔滑鮮甜，熟時則纖維變得粗糙，令齒力弱的人無福消受，如果耐火煲燉扣焓，又另有一番滋味。是以日本人喜歡將牛肉作刺身，西人吃牛扒亦重不太熟，五成或七成熟已是極限，過熟則韌如柴皮，味同嚼蠟。

牛肉可以利用的部位很多。其中牛柳軟滑宜作牛扒；牛䐈筋細且多，最好用作燉菜或滷水；牛腩一般用作煲湯或炆，也有用白滷水煲焓後切條上脆漿炸；炒牛肉最好用牛冧肉，也叫「葫蘆肉」，因筋少肉多成率高。

製作炒牛肉，必須先去筋，然後切成約寸半闊、三寸長的橫紋薄片，切牛肉時牛肉要放平，刀鋒要利，這樣才能使牛肉切得薄而均勻，不黏在一起。醃製時先落食粉（一斤牛肉約落一錢半左右，少則會韌，多則有苦味），再加少許白糖和鹽調味，最後才下生油生粉撈勻，炒時拉油，切忌油溫過高，否則牛肉會黏成一團，最好是「猛鑊陰油」，牛肉落後便散開，拉油至七成熟時瀝去油

便可落料頭，牛肉加調料勾芡上碟，速度要快，味要準，芡要均勻。

以牛肉作小炒，頗考師傅的掌杓功力，如果過份依賴梳打食粉泡醃，牛肉可以有脍滑的效果，但卻是肉味全失，仿如吃豆腐乾了。不過，牛肉如煲足火候，卻另有一番風味，因此，炆牛腩雖屬大眾化食品，卻廣受歡迎。食肆如麵店供應的牛腩，通常分滷汁炆和清湯兩種。前者以濃郁取勝，喜厚味的人會對它特具好感；後者清而不膩，對肉食既怕又愛之人最合適，清湯牛腩是近年比較流行的食製。兩種牛腩製法都需經耐火，起碼要經四、五小時才會有脍滑的效果。鹹汁炆或咖喱煮都是在牛腩夠脍身之後加工的；「清湯」的做法是在牛腩切件出水之後「啤水」（用水沖透），去其油膩，肉身也具「爽」的效果。

雖然中國人不以牛肉為主要肉食，但不等於中國人不吃牛的內臟。翻閱中國各菜系的食譜，精彩小吃多得很，多以燻滷食製為主。和豬一樣，整條牛可被充分使用，如牛內臟、牛頭、牛尾、牛腑、牛血、牛骨髓……等等，都可變成佳餚美饌。例如牛肚之類，在中國菜中就是很常見的菜材。所謂「牛肚」，其實就是牛的胃，因為牛是反芻類動物，而這類動物有四個胃，因此牛肚也就有很多不同別名。

牛的第一個胃是「瘤胃」，俗名叫「牛

雙臟」。胃壁肌肉很厚，有大量彈性纖維，所以很難煮爛，不過其中央的圈帶狀部分，則十分柔軟而味道也鮮美。在法國菜中，這個胃叫「肥肚」，由於咬感甚佳，多用來煎炒或配番茄同煮。

第二個胃是「網胃」，也稱「蜂窩胃」，外形如網狀蜂巢，即「金錢肚」是也，在牛胃中食味最佳。烹煮前應將各褶邊清洗乾淨。如今市面供應的主要是來自澳洲、巴西之冰鮮貨。

第三個胃是「瓣胃」，即一般人稱之「牛百頁」，以涮羊肉的方式吃之，質脆而爽口。留意百頁的內側有層黑膜，應仔細摘除乾淨。

第四個胃叫「皺胃」，即俗稱的「牛草肚」了，這個胃不好吃，因此在中西菜譜中都榜上無名，但有時也會取作食療，例如配以薏米煲成牛肚薏米湯，有健脾去濕之效。按中醫理論，牛肚性味甘平，可補虛益脾胃，有助消化之功。

在亞洲，日本人嗜食牛肉之風不讓歐美，而且育出了牛的優良品種。「日本和牛」在香港大出風頭，有仙台牛、上州牛、米澤牛、飛驒牛、松阪牛、綾和牛、佐賀牛等46個不同產地。而神戶牛肉排名應在世界四大名牛之首，另外三者是美國電鬆牛、法國白牛和英國安卡士牛。神戶是日本牛肉集散地，人們籠統以「神戶牛肉」名之。神戶的名種牛，是從中國大連引進的黃牛，通過科學養

殖，悉心培育出來的。松阪（神戶的一個小鎮）牛肉是神戶牛肉中的佼佼者，其特點是脂肪豐富，肌理細緻嫩滑，不見肥膠，油脂點點如雪花，分佈於肉身之中，日本人稱之為「霜降牛肉」。

多年前，日本和牛移居澳洲和美國，故該兩地亦有和牛供應。若澳洲產而是百分百純正日本血統的和牛，稱為澳洲純種和牛（Fullblood），產量很小，不到1%。其餘99%都是混種澳洲和牛（Purebred），由日本和牛與澳洲安格斯、乳牛hosletin及穀飼牛Bramas等分別配種。在美國，日本和牛也有和安格斯牛混種，產生「美國極黑牛」。

近年來，香港飲食文化受到西方風氣影響，人們對牛仔肉亦欣然接受，雖然它不能排上筵席，但茶市的「特點」，晚飯小酌的小菜，用黑椒炮製的牛仔骨亦頗受大眾歡迎。

牛仔肉質感纖細，缺點是無甚嚼頭，喜嗜豪情鋸扒的人士會感到不合口味。故它能否稱得上是牛肉的上品，實在是見仁見智，不過它的肉質瘦削，含脂低，水分多，加工時不必使用鬆肉粉，即能取得脆滑效果，且能保持牛肉的鮮腴特質，卻是不爭之議；它的缺點是羶味太重，如果不用濃味蓋之，許多人無法接受，使用黑椒汁相配，可說是最佳配搭。

作為食用的牛犢通常是三個月至一

歲大。未足三個月，水分較多，肉質瘦削，不堪食用；過了一歲，肉色漸趨嫣紅，就不能叫作牛仔肉了。

西菜中對牛仔肉的處理，多將之片薄，醃味之後，或煎或炸或焗，並配合各種汁液。用中式做紅炆食法，以牛仔肉切成骨牌塊狀，放在熱鑊裏烘乾水分，盛起待用；另行起鑊，下生油少許，將佐料薑蒜茸爆香，牛仔肉倒入鑊裏炒，放入糖、醬油及濕粉水，兜勻上碟。牛肉塊甘香酥脆嫩滑，這樣一款紅炆牛仔肉，完全符合了中國人口味，不妨一試。

羊肉

每逢入冬天氣漸寒之時，講究食補的廣東人總是不會輕易放過這個進補的大好時機。進補的食物很多，平時不受重視的羊肉，此時銷售特別暢旺。羊肉一直被認為能夠「助元陽、補精血、療肺虛、益勞損」，其功效「等同人參」，配淮杞圓肉，或配當歸燉之，都為絕妙的上佳補品。食肆也於此時推出羊肉煲、涮羊肉，使人誤以為羊肉只宜秋冬進補之用。

其實不然，從世界範圍來說，以羊肉作為全年主要肉食的地方很多，不少處於溫熱氣候的區域，基於宗教上的理由，例如印度教徒或信奉觀音的人不吃牛肉，信奉回教的則不吃豬肉，羊肉自然成為主要肉食了。西菜使用豬肉的名食為數甚少，在餐牌上，燒羊腿、烤羊排，以及一些羊雜做的菜式，因而被突現出來。

羊大為「美」，魚羊為「鮮」，古人造字，道出了羊肉既鮮且美的特質。羊肉纖維柔嫩而具肉汁，滋味雋永，口感奇佳。羊一般分山羊(草羊)與綿羊兩種。山羊肉質偏瘦而堅實，適宜於耐火熬燉。廣東人食羊肉著重進補，是以多重黑草羊。綿羊肉質纖細嫩滑，中外人士多喜以之烹製菜餚。

在中國，大江南北偏嗜羊肉的省份不少，羊的食製花樣也多，如蒙古的烤全羊、北京的涮羊肉、上海的白切羊、雲南的全羊宴、海南島的紅扒羊肉……，都是膾炙人口的名食。雲南的全羊宴，綜合了雲南境內少數民族吃羊肉的三十多種烹調方法，構成一席包括羊體各部分的菜式薈萃。廣東人喜愛的羊腩煲亦很具特色，用烹製狗肉的方法，伴着滾滾熱湯進食，當屬得意之作，一般只在冬令才有供應。

本書菜譜亦提供了不少羊的食製，請各位多加參考。作為本書的讀者，應該對廚藝都有一定的認識，故無需「依樣畫葫蘆」，相信只要稍加端詳，啟發靈感，自可烹製出色香味形俱佳的美饌。

豬

烤巴馬香豬

何逸奎

特點

肉香皮酥,形狀完整。

技法

材料

主料:巴馬香豬1隻(重約3000克)

配料:薄餅、香葱白段

調料:白糖、八珍醬、料酒、鹽、胡椒粉、色水料(麥芽糖、白米醋、清水)

製作步驟

1. 將香豬洗淨,除腿主骨,上叉,滾水燙皮,趁熱淋抹色水料。將各種調料調勻,塗在豬肚腔內,待用。

2. 將豬架在明灶上先用慢火烤乾水至熟,再用旺火烤至皮金紅色酥化(邊烤邊掃油)。

3. 改好刀,裝盤。跟白糖、八珍醬、香葱白段、薄餅上席即可。

製作關鍵

香豬皮色要擦抹均勻,皮要晾乾,烤豬的火候要掌握好。

*巴馬香豬豬肉清香甘甜,營養豐富,即使烹調時不添加任何作料也香氣撲鼻;尤其獨特的是,乳豬在哺乳期任何日齡階段屠宰食用沒有奶、腥羶等異味,因此非常適合做烤乳豬。

豬

棒蘑香肉

樂瑞濱

特點
滑而不膩，肉香酥爛，棒蘑滑嫩。

技法

材料
主料：豬五花肉500克

配料：東北棒蘑

調料：東北黃豆醬油、白糖、醬油、草菇老抽、紅麴米汁、糖色、鹽

製作步驟

1. 將五花肉改刀至長方塊，下入湯罐中，加紅麴米汁、糖色、鹽，煮至七分熟撈出，備用。

2. 煮好的五花肉切成2厘米厚的大片，加入白糖、草菇老抽、黃豆醬油，拌製入味後，碼入碗中，放入用醬油炒好的棒蘑，蒸3~4小時即可。

製作關鍵

五花肉煮製時火候不要煮過火，切片要均勻。

醋椒粉蒸肉

陳波

特點

色澤紅亮，鹹甜鮮香，肥而不膩。

技法

材料

主料：五花肉500克

配料：鮮青豌豆、蒸肉米粉、鮮尖青辣椒

調料：鹽、雞精、白糖、醋、十三香、鮮花椒、
葱葉、豆瓣醬、醪糟、豆腐乳汁、鮮湯

製作步驟

1. 五花肉洗淨，切成10厘米長、1厘米厚的
   片，備用。

2. 鮮花椒、葱葉混合剁細，與調料一起加入
   肉片中，攪拌均勻。

3. 將拌好的肉片依次墊齊地擺放碗內，成 "一
   封書" 型，再上籠蒸30分鐘取出。

4. 蒸好的粉蒸肉倒扣進盤中，另將青尖椒炒
   成鹹酸虎皮海椒，擺放在盤邊即成。

製作關鍵

調味時應注意冬季味應稍濃，夏季稍淡。

稻草東坡肉

王海東

特點

色澤紅亮，稻香濃郁。

技法

材料

主料：五花肉350克

配料：搾菜、尖椒

調料：鹽、糖、醬油、紅麴粉、桂皮、八角、
蔥、薑、花雕酒

製作步驟

1. 五花肉煮至五成熟，切成7厘米見方的塊，
   用稻草捆住。

2. 鍋中加入調料，放入肉方，大火燒開，小
   火燒透，將汁收乾，出鍋裝盤。配上搾菜、
   尖椒絲即成。

製作關鍵

1. 草捆要紮結實，避免烹製時脫落。

2. 燒肉時要小火慢燒，直至入口即爛。

鮑仔紅燒肉

林友清

特點

色澤紅亮，鮮美可口。

技法

材料

主料：鮮鮑魚仔、帶皮五花肉各500克

配料：菜膽

調料：植物油、麻油、鹽、雞粉、胡椒粉、醬油、八角、桂皮、葱、薑、料酒、清湯

製作步驟

1. 將帶皮五花肉刮洗乾淨，改切成2.5厘米見方的塊。菜膽用調料入味。

2. 鍋入植物油燒熱，下入五花肉及配料、調料煸炒入味，煨至八成爛。

3. 將鮑魚仔清洗乾淨，剞丨字花刀，過油撈出，加入紅燒肉中，用文火煨至軟爛，收汁，裝入器皿中，圍上入味的菜膽即成。

製作關鍵

要選三層帶皮五花肉，並掌握好煨製火候。

豆腐渣扣肉

李振榮

特點

葷素結合，肉有豆香味。

技法

材料

主料：帶皮五花肉塊400克

配料：豆腐渣

調料：高湯、葱、薑、鹽、蜂蜜、桂皮、花椒、八角

製作步驟

1. 將帶皮豬五花肉塊煮至八成熟，瀝乾水份，在其皮面蘸蜂蜜，入油炸成金黃色。另起鍋，入少許油燒熱，加入葱、薑、桂皮、花椒、八角，燒至成金紅色，擺入小碗底部。

2. 豆渣加高湯等調料炒好，放在碗內的肉塊上面，入蒸箱蒸好，扣在小籠屜裏。

製作關鍵

豆腐渣不宜過細，蒸製時間要長。

王爺
魚子寶塔肉

李啟貴

特點

肉香芽菜味美,魚子、菜心解膩。

技法

材料

主料:帶皮五花豬肉600克

配料:魚子、菜心、雞茸、四川徐府芽菜(梅菜)

調料:蛋白、芡粉、鹽、白糖、上湯、醬油、蔥、薑、八角、桂皮、生油、胡椒粉、料酒

製作步驟

1. 將五花肉滷透入味,改刀成寶塔形。芽菜處理好,切末,嵌入寶塔內。

2. 將菜心製成蓮花狀,焯水。雞茸加調料入味,鑲在菜心中間,點綴上魚子。

3. 將寶塔肉和菜心分別蒸透,碼入盤中,淋薄芡,蓋在肉菜之上即可。

官府一品肉

王海東

特 點

造型美觀，肥而不膩，濃香撲鼻，鮮香味美。

技法 蒸

材料

主料：帶皮豬五花肉1500克

配料：梅乾菜、乾豆角

調料：鹽、味粉、白糖、薑、蔥、料酒、紅麴米、香料包、高湯、啤酒

製作步驟

1. 帶皮豬五花肉洗淨入鍋中，加高湯，放入紅麴米、香料包調味煮上色，撈出瀝乾. 將五花肉趁熱下鍋炸2分鐘，待成紅色時撈出，用重物壓實，取出改刀成方形，用料酒、啤酒、香料包燒透入味。

2. 將乾豆角、梅乾菜改刀切成條，下入鍋中，加調料燒入味，備用。

3. 將燒入味的乾豆角、梅乾菜裝入罈內，上面再放五花肉塊，加調料調味，上籠蒸熟即可。

製作關鍵

1. 要選用夾三層的五花肉。肉塊改刀成大小一樣的方形塊。

2. 罈中的五花肉、梅乾菜、乾豆角要蒸透，呈棗紅色。

屈原肉

唐澤銓

特 點

色澤棕紅，軟糯鮮香，風味濃郁。

技法

材料

主料：豬五花肉500克、特製小粽子10個

配料：菜心

調料：薑片、八角、香葉、紅醬油、料酒、鮮湯、冰糖、紅油、精煉油

製作步驟

1. 將豬肉洗淨，切成2.5厘米見方的塊。

2. 將油入鍋，燒至七成熱，放入肉塊炸進皮，撈出待用。

3. 鍋內放入鮮湯，放入肉塊、薑片、香料、醬油、料酒、冰糖燒沸，用小火慢燒至湯汁快乾，將小粽子去掉粽葉，入七成熱油鍋內炸進皮，放入肉塊鍋內，一同燒至湯汁濃稠將乾，放入紅油推轉，起鍋入盤，圍上焯熟的菜心即成。

製作關鍵

此菜是在地方菜燻肉的基礎上改創的，小火慢煨而成。

招牌架子肉

宋其遠

特點

鹹香乾韌。

技法

材料

主料：五花肉300克、春餅12張

配料：青瓜、香葱

調料：辣椒醬、美極鮮味汁

製作步驟

1. 五花肉滷至八成熟，切大片，入鍋滑油。

2. 上桌時跟青瓜、香葱、辣椒醬、味汁、春餅即可。

製作關鍵

滑油時注意火候，避免走形。

宅門小滷肉

石萬榮

特 點

色澤紅亮，軟爛濃香，肥而不膩。

技法 滷

材料

主料：五花肉600克

配料：酸洋白菜絲、小饅頭

調料：蔥、薑、八角、桂皮、油

製作步驟

1. 五花肉煮至七成熟，切成2.5厘米的方塊，加入蔥、薑、八角、桂皮煨熟，裝盤，碼成正方形。

2. 酸菜絲入油鍋炒熟，圍在肉的四周。

3. 熱小饅頭碼盤邊即可。

製作關鍵

1. 宜選用上等五花肉。

2. 煨製時要掌握好火候。

南煎丸子

石萬榮

特點

此菜呈金紅色、扁圓形，質地鮮嫩，味香醇厚。

技法 煎

材料

主料：肉末200克

配料：木耳、馬蹄

調料：油、料酒、黃醬、醬油、鹽、白糖、葱末、麻油、雞蛋、水芡粉、清湯

製作步驟

1. 肉末加雞蛋、鹽、醬油、黃醬、麻油、水芡粉、馬蹄拌勻，擠成12個丸子。木耳燙一下，放盤裏。

2. 炒鍋入油，把丸子推到鍋裏煎，用手勺把丸子壓扁，下面煎黃，倒出油，翻面，放油繼續將兩面都煎好，倒出。

3. 炒鍋入油，下葱熗鍋，烹料酒，加上湯、醬油、鹽、糖、丸子，湯開後放文火上燉熟，原汁勾芡，翻個，淋麻油，出鍋蓋在木耳上即成。

製作關鍵

此菜屬於內糊外芡，內糊要適量。黃醬可以增加色澤，但不宜多放。

豬

醬八寶

石萬榮

特點

甜而軟糯，肥而不膩。

技法 炒

材料

主料：香豆乾、五花肉丁、甜豌豆、豬肚仁、蝦仁、冬筍、香菇、花生米各50克

調料：醬油、甜麵醬、黃醬、白糖、鹽、蠔油、水芡粉、蔥、薑、料酒、麻油

製作步驟

1. 將所有原料切丁，汆水拉油。

2. 鍋放底油，入蔥、薑熗鍋，放肉丁煸炒，加入調料，放入肚仁、香菇、冬筍、香豆乾燒至入味，下入花生米、豌豆、蝦仁收汁後淋麻油出鍋，晾涼裝盤即可。

製作關鍵

1. 各種丁要切得大小一致。

2. 注意各種原料的投放順序。

腐乳肉竹排

任德峰

 特點

酥軟肥糯，鹹中帶甜，別有風味。

技法 蒸

材料

主料：五花肉塊500克

配料：蘆筍

調料：紅麴米粉、紅腐乳、白糖、雞精、鹽、生油、葱結、薑片、八角

製作步驟

1. 在五花肉塊皮面剞萬字刀紋，加紅麴米粉，汆水洗淨，瀝乾水分。

2. 將五花肉放入盛器中，加紅腐乳等調料和香料封口，上籠蒸至酥嫩。蘆筍焯水，加調料煸炒，放盛器中，再放上腐乳肉即可。

製作關鍵

肉一定要蒸酥才能入味。

豬

33

喬家大酥肉

特 點

滋味鮮美,佐飯佳餚。

技法 燜

材料

主料:肥瘦豬肉200克

配料:豆腐乾、蒜苗

調料:鹽、料酒、胡椒粉、清湯、醬油、蔥絲、薑絲

製作步驟

1. 豬肉切絲,豆腐乾中間片開後切絲,蒜苗切段。

2. 油鍋上火,入豆腐乾絲炸乾,撈出待用。

3. 炒鍋上火,加底油,入肉絲煸炒成白色,放入蔥、薑,烹入料酒,加清湯、鹽、胡椒粉、醬油調味,再放入豆腐乾絲,轉小火燜至入味,撒入蒜苗即成。

製作關鍵

炸製豆腐乾時火力要先大後小,抖撒下鍋,以免黏連。

筍乾千層肉

葉卓堅

特點

鮮香酥軟，金紅透亮。

技法

材料

主料：五花肉600克、水發筍乾300克

配料：高山豆苗、二湯

調料：雞粉、糖、黃酒、醬油、蔥段、薑片、花生油

製作步驟

1. 將五花肉汆水，放入盤中壓平整。水發筍乾切成細條，焯水。高山豆苗入鍋清炒，待用。

2. 將壓平整的五花肉修成正方形的肉方，再切成薄片。將修下的邊角與筍乾一同入鍋，加入蔥段、薑片等調味，加二湯，燒至肉酥筍絲酥軟入味，挑去邊角，待用。

3. 將切成薄片的五花肉整齊地碼入碗中，填入燒好的筍乾，注入湯汁，上籠蒸3小時後，潷出原汁，勾芡，裝盤，澆上原汁，用清炒高山豆苗圍邊即可。

製作關鍵

1. 五花肉汆水後放入盤中，放上重物壓平整，直至冷卻。

2. 燒製筍乾時一定要燒透入味。

甜縐紗肉

蕭文清

點

肉皮起皺紋，肉軟爛甘香，甜味極濃，是潮州風味菜。

技法 先 炸 後 蒸

材料

主料：豬五花肉500克

配料：檳榔芋頭

調料：白糖、深色醬油、水荳粉、生油、熟豬油

製作步驟

1. 豬五花肉刮洗乾淨。芋頭刨皮洗淨，入蒸籠用中火炊熟取出，碾壓成泥。

2. 豬肉放入開水鍋裏，中火煮約40分鐘至軟爛，取出，用鐵針在豬皮上戳幾個小孔，用布抹乾，塗勻醬油使其着色。炒鍋入油燒至150℃，放入豬肉，加蓋後端離火位，浸炸至皮呈金黃色，撈出瀝油，切成長方塊。炒鍋重置火上，下1000克開水，放入豬肉煮約5分鐘，撈出用清水漂洗。如此反覆煮漂4次，至去掉油膩為止。

3. 把竹篾片放入砂鍋墊底，下開水、白糖，放入豬肉塊，加蓋用小火燜約30分鐘取出，擺放在碗內（皮向下）。

4. 炒鍋入熟豬油燒熱，放入芋泥，用小火慢炒，邊炒邊加入白糖，待糖化後取出，鋪放在豬肉上。將豬肉連同芋泥放入蒸籠，用中火蒸約20分鐘，取出覆扣在湯碗裏。

5. 炒鍋洗淨，下150克開水、100克白糖，燒沸後用水荳粉調稀勾芡，淋在肉上即成。

製作關鍵

當炸五花肉時一定要在肉皮上刺小孔，否則會影響縐紗皮。

豬

風味烤肉方

張長義

特點

香而不膩，風味獨特。

技法 烤

材料

主料：五花肉500克

配料：青椒、紅椒、香菜(芫荽)、小薄餅

調料：鹽、五香粉、花椒粉、雞精、料酒、蔥、薑、麵醬、蒜茸辣醬

製作步驟

1. 將五花肉用鹽、五香粉、花椒粉、雞精、料酒、蔥絲、薑絲醃製24小時，吹乾備用。

2. 將蔥切段，青紅椒切條，香菜切段，備用。

3. 將醃製好的五花肉放入烤箱烤製成熟，待表面呈金黃色出爐，切成片狀，裝盤，配上小薄餅、蔥段、青紅椒條、香菜段，連同蒜茸辣醬、麵醬一同上桌即可。

製作關鍵

醃製時間要到位，烤製時要把五花肉裏的油烤出來。

豬

炸五香卷

童輝星

特點
色澤金黃，香氣四溢。

技法 炸

材料
主料：豬五花肉350克

配料：豆腐皮、雞蛋、
鯿魚末、淨荸薺(馬蹄)、
淨葱、酸蘿蔔、香菜(芫
荽)

調料：辣椒醬、五香粉、
白糖、鹽、芡粉、花生
油

製作步驟

1. 豬五花肉切丁，荸薺、
   葱切小丁，一併加上
   蛋白、鯿魚末、五香
   粉、白糖、鹽、芡粉
   拌勻調成餡料。

2. 豆腐皮用濕布潤軟，
   用豆腐皮分別將餡料
   裹成條形卷7條，下油
   鍋炸熟，呈赤黃色撈
   起瀝油，切段，原狀
   裝盤。配酸蘿蔔、香
   菜、辣椒醬等作料蘸
   食。

製作關鍵
五香卷下油鍋時油溫約六成熱，然後改為小火，油溫四成熱，
起鍋前再升溫，避免外焦內不熟。

香菜醬肉卷

李連群

特 點

造型別致,肉卷均勻整齊。

技法 燻

材料

主料:五花肉400克

配料:香菜(芫荽)

調料:醬油、糖色、香料、料酒、蔥、薑、鹽、糖、小料(紅油、蒜茸、醋、美極鮮)

製作步驟

1. 將五花肉去毛洗淨,入開水煮5分鐘,去淨血水,入燉肉滷湯內滷製1小時,燜熟冷卻,待用。

2. 將冷卻的滷肉入燻鍋燻製入味,改刀成片,包入香菜成卷,上桌帶小料蘸食即可。

製作關鍵

五花肉勿燜製過度,以防切時散碎。

豬

43

龍眼梅香肉

蘇傳海

特 點

三色相映，皮經油炸，鮮麻油潤，酥糯不膩，鹹甜適中。

技法 炸、蒸

材料

主料：豬五花肉500克

配料：梅乾菜、老南瓜

調料：乾辣椒、老抽、料酒、鹽、冰糖、葱、薑、八角、精煉油

製作步驟

1. 將豬五花肉在火上燎去皮至焦，放入淘米水中浸泡，用刀均勻刮去焦皮，上鍋加水煮至五成熟，撈出，在皮面抹上老抽，待油溫升至七成熱時，下油鍋炸成棗紅色，撈出瀝油。

2. 梅乾菜用水浸泡，上鍋加調料烹製入味，備用。

3. 老南瓜用刀修成龍眼狀，焯水撈出晾涼。

4. 將五花肉放在刀板上切成長薄片約20片。

5. 取肉片，靠皮放上南瓜龍眼，再放一層梅乾菜捲成筒狀，扣在碗裏，加入冰糖，上籠蒸約40分鐘取出扣入盤中，潷出湯汁，上火勾稀芡，澆在龍眼上即成。

製作關鍵

煮五花豬肉時，不能煮得太爛，否則不利造型。

棗香四喜肉

楊定初

特點

油而不膩，酥爛綿糯，口味醇厚，棗香濃郁。

技法

材料

主料：薄皮嫩豬五花肉600克、小林紅棗30克

調料：紅麴米汁、醬油、白糖、黃酒、鹽

製作步驟

將豬五花肉斬成6厘米見方的塊，汆水洗淨，下紅棗、調料，用大火燒開，改小火燒至酥糯即成。

製作關鍵

肉塊要先焯水再改刀，烹製時要用小火長時間煨製，再用大火收汁。

福壽千層肉

許菊雲

特點

色澤紅亮，肥而不膩。肉味雋永，食之潤腸胃，生津液，豐肌體。

技法 蒸

材料

主料：帶皮五花肉1000克

配料：農家乾菜、胡蘿蔔、白蘿蔔、西蘭花

調料：植物油、鹽、碎乾椒、薑、蔥、香料

製作步驟

1. 將帶皮五花肉煮至斷生，放入香料、薑、蔥一同煨好入味。

2. 將煨好的五花肉切成薄片，扣入碗內。將農家乾菜泡發後，下鍋炒香，放在五花肉上，上籠蒸約半小時，取出扣入盤中。盤邊用入好味的蘿蔔、西蘭花圍好即成。

製作關鍵

五花肉解切時要注意刀工技巧。

豬

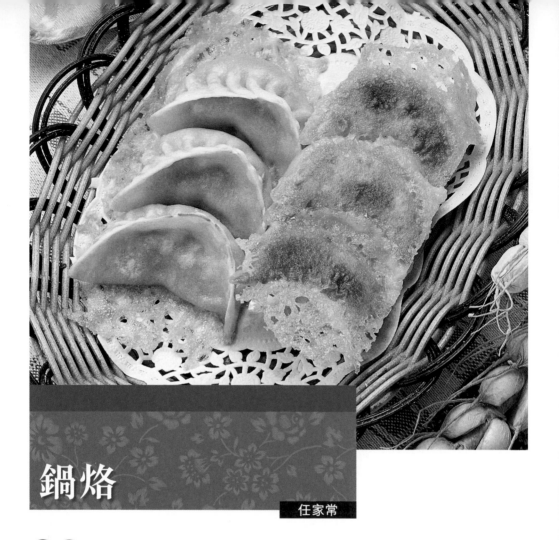

鍋烙

任家常

特 點

底黃焦脆，汁多不膩。

技法 烙

材料

皮料：麵粉500克、沸水適量

餡料：豬肉350克、高湯200克、鮮蝦仁50克、水發海參50克、乾貝25克、蝦子15克、味精8克、鹽10克、雞粉8克、料酒10克、胡椒粉5克、花椒粉5克、韭菜末適量

調料：料油適量、麻油適量

製作步驟

1. 將豬肉洗淨，剁碎成餡，鮮蝦仁、乾貝、海參洗淨，切成細丁，連同蝦子一起放入盆中，加入調料拌勻，高湯分數次加入，攪拌上勁，即成餡心。

2. 麵粉用沸水燙製一半，晾涼後將另一半放入加少許清水調製成麵團，搓條下成每個25克的劑子，擀圓坯皮，包入餡心，捏成5~7個褶的月牙形狀，即成生坯。

3. 平鍋放入少量油脂，將鍋烙逐個擺入煎烙，到底起勻盤花時，倒入開水蓋上鍋蓋蒸烙，待水份盡時製品表面有彈性即熟。

製作關鍵

擀皮要均勻，烙製時要注意火候。

百年太白肉

李萬民

特 點

肉質粑糯，醬香味濃。

技法

材料

主料：三線精五花肉800克

調料：鹽、甜麵醬、白酒、花椒粉、辣椒粉、各種香料

製作步驟

1. 豬五花肉洗淨，晾乾水份。

2. 鹽炒乾，加花椒粉、辣椒粉、五香粉、白酒、甜麵醬，成為醬汁。

3. 將醬汁均勻地抹在五花肉上，放入盆中，加蓋，每天翻動　次。

4. 7天後將肉取出，晾在通風、陰涼、乾燥處，使之乾燥。

5. 1個月後，將肉上醬汁洗淨，放蒸籠中蒸熟，切片裝盤即成。

金玉良緣

黃正暉

特 點

形態美觀，巧妙結合，口感極佳。

技法 蒸

材料

主料：糯米100克、肉茸150克

配料：鹹鴨蛋

調料：鹽、高湯、水芡粉、豬肉

製作步驟

1. 將鹹鴨蛋磕開，去掉蛋白，留蛋黃。糯米用溫水浸泡2小時，撈出瀝乾水份，待用。

2. 糯米放入托盤內，將蛋黃一個個均勻地包上調好味的肉茸，再滾上糯米，上籠蒸8分鐘，熟後取出，用刀從中間切開，整齊地擺在盤中。

3. 炒鍋置火上，放入高湯調味，勾芡，淋澆在糯米蛋黃上即成。

製作關鍵

糯米要用溫水浸泡。

雙味
清炸裏脊

單玉川

特點

外酥裏嫩，一菜兩味。

技法 炸

材料

主料：豬裏脊肉350克

配料：糖醋汁、花椒鹽

調料：鹽、芡粉、生油

製作步驟

1. 將豬裏脊肉切滾刀塊，加鹽入底味，用適量芡粉上漿，入油鍋炸至熟透即可。

2. 上桌時隨帶糖醋汁和花椒鹽碟。

製作關鍵

裏脊肉要炸3遍才有質感。

醬爆裏脊筋

陳波

特點

醬香濃郁，肉質嫩滑。

技法

材料

主料：豬裏脊筋250克

配料：青、紅尖椒

調料：薑、蒜、蔥、鮑汁、鹽、醬油、芡粉、油

製作步驟

1. 豬裏脊筋洗淨，去淨表面的肥肉，切成0.8厘米寬的長條。青、紅尖椒切成馬耳朵形片，薑、蒜切小薄片，蔥切成馬耳朵形片。

2. 將裏脊筋碼味上漿，逐片放入三成熱的油鍋中滑熟，撈出。

3. 鍋中入適量油燒熱，下薑蔥蒜炒香，加裏脊筋和青、紅尖椒同炒，用鮑汁、鹽、醬油調味，加入水芡粉勾芡後起鍋裝盤即可。

製作關鍵

要刮淨裏脊筋背面的肥肉，否則成菜油膩。

冰城鍋包肉

王海威

特點

色澤金黃，外酥內嫩，酸甜可口，不
油膩。

技法 炸

材料

主料：精選豬裏脊肉450克

配料：葱、薑、胡蘿蔔、香菜（芫荽）

調料：植物油、鹽、料酒、白糖、橙汁、白醋、
水荵粉

製作步驟

1. 裏脊頂刀切厚片，裝入容器中，加入少許
   鹽、料酒醃浸10分鐘，加水荵粉掛糊。

2. 將白糖、白醋、鹽、橙汁熬成糖醋汁，備用。

3. 炒鍋上火，入植物油燒至五成熱，逐片下
   入掛糊後的裏脊肉片，炸至外焦內嫩，出
   鍋瀝淨油。

4. 炒鍋入配料煸香，下入炸好的裏脊肉，烹
   入糖醋汁，出鍋裝盤即可。

製作關鍵

炸製主料過程中要反覆沖炸兩次。

玉珠
菊花裏脊

王春山

特 點

紅白分明,酸甜可口,形似菊花。

技法 炸

材料

主料:豬裏脊400克、鵪鶉蛋200克

配料:油菜

調料:番茄沙司、白醋、白糖、鹽、大油、芡粉、精製油

製作步驟

1. 鵪鶉蛋用小勺抹大油,上蒸鍋蒸成玉珠形。

2. 將油菜葉汆水,在盤中間圍一周。

3. 將玉珠放在油菜葉上,淋白色鹹鮮口汁。

4. 裏脊改成方形,用刀切成菊花形狀,蘸芡粉打散,入油勺內炸成菊花形狀。

5. 勺內入調料,做成番茄汁,淋在菊花裏脊上面,打勻即可。

製作關鍵

原料改菊花刀時,底部深淺度要一致。

豬

餘干柔和湯

黃玖林

特點

湯鮮味美，入口滑嫩。

技法 炒

材料

主料：豬前夾肉200克

配料：豬血、白豆腐

調料：高湯、鹽、黃酒、胡椒粉、芡粉

製作步驟

1. 將豬肉、豬血、豆腐分別切成絲，待用。

2. 炒鍋上火燒熱，放少許底油，入肉絲翻炒，烹入黃酒，放入高湯、豬血絲、豆腐絲，加鹽、胡椒粉調味，勾芡後裝碗即可。

製作關鍵

刀工要精細，勾芡要均勻，稠稀適中。

黃陂三合

孫昌弼

特點

湯汁醇厚，一菜多味。

技法 蒸、炒

材料

主料：新鮮豬前夾肉、草魚(鯇魚)、肥肉各適量

配料：脆筍絲、白菜心、小葱末、馬蹄丁、蛋黃、葱白、蛋白、雞湯

調料：鹽、胡椒、苕粉、芡粉、薑汁、油、豬油

製作步驟

1. 前夾肉切塊後冰凍，剁成肉末。草魚治淨後取淨肉，改成魚紅和魚白，切小塊後冰凍，再絞成魚茸。肥肉汆水，一半切絲，一半切丁。脆筍絲用雞湯煲好，備用。

2. 魚茸加鹽、水、胡椒、苕粉，攪上勁，加入肉末中攪勻，入馬蹄丁和肥肉絲，在盤中碼成塊，再抹一層蛋黃，上籠小火蒸30分鐘即為肉糕。

3. 肉末與魚茸攪勻，加鹽、胡椒、葱白、芡粉、水，攪上勁，加肥肉丁攪勻，入鍋炸成肉圓。魚白加水、鹽、薑汁攪上勁，氽豬油、蛋白和芡粉汆成魚丸。

4. 將肉糕切片，與肉圓、魚丸同放入加了脆筍絲和白菜心的砂鍋中即可。

製作關鍵

1. 在製作肉糕、肉圓時一定要將餡攪和上勁。

2. 製作魚丸時水份一定要吃足，口感才會更滑爽。

豬

67

紅燜爪方

汪建國

特點

色澤紅亮，鮮鹹醇厚，口感柔滑。

技法

材料

主料：豬腳爪3隻

配料：菜心

調料：紅湯滷水、麻油、葱球、胡椒粉、水芡粉、油

製作步驟

1. 將豬腳爪去淨毛污，去掉爪尖，一隻腳剁成6塊（半邊剁3塊），呈方塊狀，汆水，經油炸後放入紅湯滷水成熟至扒爛。

2. 炒鍋上火，放入紅湯滷水，勾薄芡，淋油掛汁。菜心炒熟入味，墊入盤中。將爪方擺放在菜心上，將汁澆在爪方上，撒上胡椒粉、葱球即成。

製作關鍵

汆水後，經油炸，再放入紅湯滷水中燜扒，易脫骨。

大黃瓤豬手

李振榮

特 點
成菜軟爛，主副食均衡。

技法 滷

材料
主料：豬手 1000 克

配料：大黃米

調料：五香粉、滷水

製作步驟
將整隻豬手洗淨，去骨，瓤入調好味的大黃米，加五香粉少許，以紗布包好，放入調好的滷水中醬熟即可。

製作關鍵
主料要爛，黃米飯要燜稍硬一些。

普洱水晶蹄

周元昌

特 點

茶香味鮮，晶瑩剔透，肥而不膩。

技法

材料

主料：鹹肴蹄500克

配料：普洱茶

調料：鹽、蔥、薑、香葉、生抽

製作步驟

1. 鹹肴蹄加普洱茶水蒸酥，切成片狀。

2. 將蒸好的肴蹄皮放在保鮮盒中，墊底鋪平，再把切好的肴蹄放入鋪平。

3. 原湯加調料調味，冷卻後倒在原料上，切塊裝盤即可。

製作關鍵

原湯清澈，透明度要高。

東坡蹄

盧玉成

特點

色澤棗紅，皮酥肉糯，形體完整，口感醇香。

技法 燜

材料

主料：豬蹄1250克

配料：菜心

調料：鹽、白糖、紅麴米、丁香、桂皮、八角、小茴香、料酒、薑片、蔥段、精製油

製作步驟

1. 豬蹄用刀刮去髒物，洗淨後入八成熱油鍋中炸5分鐘，呈焦黃狀。

2. 鍋中加入水、糖色、紅麴米水、香料包、鹽、料酒煮開，下入豬蹄，大火燒開，小火燜燒，3小時後，視蹄扒爛，即可出鍋，放入盤中，圍青菜心，澆原汁滷即成。

酸梅豬腳

蕭文清

特 點

色澤深紅，酸甜適口，肥而不膩，軟
爛香滑。

技法 先 炸 後 燜

材料

主料：豬前腳750克

配料：梅膏、葱珠

調料：醬油、白糖、白醋、雪粉、生油、紹
酒

製作步驟

1. 豬腳處理乾淨，將骨斬斷但保持肉相連，
盛在碗裏，加入少量紹酒、醬油拌勻，拍
上雪粉，待用。

2. 鍋入油燒至180℃~200℃，投入已醃製好
的豬腳，炸至呈大紅色時撈起。

3. 砂鍋洗淨，下竹篾墊底，投入炸製好的豬
腳，加醬油、白糖、梅膏、清水，先旺火
後轉慢火至豬腳軟爛，再加入葱珠、白醋，
勾芡後盛入餐盤即成。

製作關鍵

在炸豬腳時要注意油溫，否則影響色澤及質
地。

豬

扒燒整豬頭

薛泉生

特 點

色澤醬紅，頭形完整，滷汁醇厚，肥嫩香甜。

技法 燜

材料

主料：黑毛中等大小豬頭1個（重約5000克）

配料：小青菜、櫻桃

調料：海鮮醬、紹酒、冰糖、香醋、薑塊（拍鬆）、葱結、茴香、桂皮

製作步驟

1. 將豬頭鑷去毛，在水中刮洗乾淨，將面部朝下，從中劈開，但舌頭與面部不破，然後剔去骨頭，於清水中浸泡2小時漂去血污，下開水鍋汆水，汆透撈出，入清水中再刮洗一遍。割下下巴肥肉，修切整齊，耳孔、眼窩全部刮洗乾淨。

2. 鐵鍋上火燒熱，用油打滑。離火，內墊竹箄，放入薑塊、葱結、茴香、桂皮，加紹酒、海鮮醬、冰糖、香醋、豬頭，加清水淹平豬頭，蓋上鍋蓋，上旺火燒沸移小火燜至肉爛，再移旺火上將滷汁燒至黏稠，離火裝盤，用焯熟的小青菜圍邊，眼眶裝上兩粒櫻桃即成。

製作關鍵

豬頭要鑷淨毛，而不是用火燎去毛，要刮洗乾淨。

刺五加
清香皮凍

李振榮

特 點

清涼味爽，健腦安神。

技法 先 蒸 後 凍

材料

主料：淨豬皮500克

配料：鮮刺五加葉

調料：蔥、薑、香菜(芫荽)、花椒、八角、米酒

製作步驟

將豬皮煮爛成膠質蛋白清湯，過篩後裝入容器中，再加刺五加葉，入冰箱凝固定形，取出改刀裝盤即可。

製作關鍵

皮凍最好蒸，五加葉要綠。

大刀千層耳

陳波

特點

豬耳片大而薄，口感脆糯，薑汁味濃。

技法 蒸

材料

主料：豬耳朵1000克

配料：小黃瓜(小青瓜)

調料：薑、葱、醬油、醋、鹽、紅油、薑末、料酒

製作步驟

1. 將豬耳去耳心，洗刮乾淨，氽水後放入盤中，加入薑、葱、鹽、料酒拌勻，入籠用旺火蒸1.5小時至軟熟，取出，趁熱將豬耳依次重疊放入盒中包好，用重物放豬耳上壓緊實，待冷定形後成粗坯。

2. 用斷筋的刀法將壓好的粗坯切成0.2厘米厚、14厘米長、6厘米寬的大片，逐片捲成圓筒，重疊堆放盤的一端；小黃瓜(小青瓜)切成半圓片，立放於盤的另一端。

3. 將醬油、鹽、醋、紅油、薑末調成紅油薑汁味，淋在豬耳上即可。

製作關鍵

豬耳一定要蒸至軟爛，這樣在壓製時才容易緊密地黏連在一起。

豬

鮑汁腰花

欒瑞濱

特點

粗料細做，別具一格。

技法

材料

主料：鮮豬腰 300 克

配料：青菜

調料：上湯、鮮鮑汁

製作步驟

1. 將鮮豬腰改成麥穗花刀，待用。

2. 將腰花入沸水汆熟撈出，入鮑汁浸泡。青菜焯水，待用。

3. 腰花擺至盤中，青菜放一邊，鮑汁調好味，淋在腰花上。

製作關鍵

腰花要切得精細、均勻。腰花要用鮑汁充分浸泡入味。

蒜茸三樣

李振榮

特 點

東北特色風味菜，成菜香嫩。

技法

材料

主料：五花肉、豬肝、豬腰子各200克

調料：蒜茸、生抽、香蒜末、糖

製作步驟

將五花肉煮熟切片，豬肝切絲滑熟，腰子切花刀汆熟。將三種主料分別擺於盤中，各種調料調製成蒜茸汁，放於主料中間即可。

製作關鍵

五花肉要汆水，要注意火候。

桃仁核桃腰

呂長海

特點

香鮮利口,腰乾脆嫩。補腎壯陽,補肺定喘。

技法 炸

材料

主料:豬腰2對

配料:核桃仁、蔥、薑

調料:料酒、醬油、胡椒粉、植物油、花椒鹽

製作步驟

1. 把腰子洗淨,一片兩半,挖去腰臊,剞成十字紋,每片切3塊,用調料、配料醃20分鐘。

2. 將核桃仁放入油中炸黃,撈出備用。

3. 鍋中油燒到九成熱,下入腰塊炸透,撈出裝盤,腰子放中間,核桃仁放周圍點綴,上桌外帶花椒鹽。

製作關鍵

刀工均勻,掌握好油溫。

九轉大腸

單玉川

點

色澤紅潤，軟糯適口。

技法 炸

材料

主料：豬大腸1000克

調料：蔥油、鹽、白糖、料酒、胡椒粉、五香粉、蔥薑蒜末、生油

製作步驟

1. 先將豬腸洗淨，從兩頭套起，成三套腸，加調料煮熟，切成段，待用。

2. 鍋中入油燒熱，將腸段炸至呈紅色，撈出瀝乾油。

3. 鍋中入油燒熱，下蔥薑蒜末熗鍋，倒入清湯、腸段及其他調料，至味香湯濃時淋上明油，盛入盤中即成。

製作關鍵

大腸一定要除淨異味。

鐵鍋燉白肉
血腸酸菜

李振榮

 特 點

此菜為東北菜，口味濃香，可蘸韭菜花、辣椒醬、蒜茸食用。

技法 燉

材料

主料：酸菜150克、白肉200克、血腸200克

配料：韭菜花、辣椒醬、蒜茸

調料：鹽、高湯、胡椒粉、蔥、薑、香菜(芫荽)

製作步驟

1. 酸菜切絲，白肉切片，血腸切厚片。

2. 用蔥花、薑米煸炒酸菜，加入湯，放入白肉，30分鐘後再放入血腸，加入調料燉熟，搭配配料上桌。

製作關鍵

酸菜燉製時間要長，血腸燉製時間不宜過長。

豬

湯爆雙脆

王義均

特點

棕白相間，蘸滷蝦油食，滋味更美。

技法

材料

主料：豬肚仁400克、雞胗250克

配料：清湯、香菜（芫荽）梗、葱白

調料：料酒、薑汁、醋、白胡椒粉、鹽

製作步驟

1. 將豬肚仁洗淨，改蓑衣花刀，再切成2厘米
   見方的塊，放在碗裏，用水浸泡。香菜梗、
   葱白洗淨切末。

2. 把豬肚、雞胗控淨水，分別用鹽、料酒、
   醋醃製。湯鍋上火，加水燒八成開時，下
   入肚仁、雞胗，即刻撈出，放在大海碗內，
   撒上白胡椒粉、香菜末和葱末。

3. 湯鍋放高湯，燒開後撇去浮沫，下鹽、料
   酒、薑汁、醋，倒入原料碗內，配一碟滷
   蝦油即可。

製作關鍵

選料新鮮，刀工細緻，火候獨到。

奶湯
銀肺核桃肉

崔伯成

點

奶湯銀肺和奶湯核桃肉是兩個傳統菜合為一菜，銀肺香爛，核桃肉滑嫩，湯鮮色白，口味鮮醇。

技法 汆、煮

材料

主料：豬肺1個、豬裏脊肉200克

配料：菜心、香菇片、火腿片

調料：奶湯、鹽、料酒、薑汁、雞蛋白、芡粉

製作步驟

1. 將水龍頭對準豬肺管子，反覆沖洗灌水擠壓，直到豬肺變白，然後放入湯中煮至熟爛撈出，用手將豬肺撕成約2.5厘米見方的塊，用沸水汆透撈出。

2. 裏脊肉切成同豬肺大小的花刀塊，放鹽、雞蛋白、澱粉拌匀，用沸水汆透，撈入大海碗內，加湯、鹽，上籠蒸熟取出。

3. 鍋中放入奶湯、鹽、料酒、豬肺、裏脊肉，開鍋後撇去浮沫，再放入菜心、香菇、火腿、薑汁，稍煮出鍋即可。

製作關鍵

豬肺一定要挑選完整沒有破裂的，否則灌不進去水；要用清水反覆灌壓，泡去血水。

豬

錦囊臘肉

吳協平

(特)(點)

菜點合一，吃法新穎。

技法 蒸

材料

主料：臘肉250克

配料：麵粉、油酥、蔥絲、紅椒絲

調料：鹽、麻油、甜麵醬

製作步驟

1. 用麵粉、油酥製成腰形餅，待用。煎鍋中入油燒熱，放入腰形餅煎至中間鼓、兩面微黃，出鍋，齊腰改刀切成兩塊，呈錦囊狀，裝入盤中。

2. 臘肉切片，上籠蒸透，也擺入盤中，配蔥絲、紅椒絲、甜麵醬上桌即可。

製作關鍵

1. "錦囊"的厚薄要恰當。

2. 臘肉不宜切得過厚。

牛

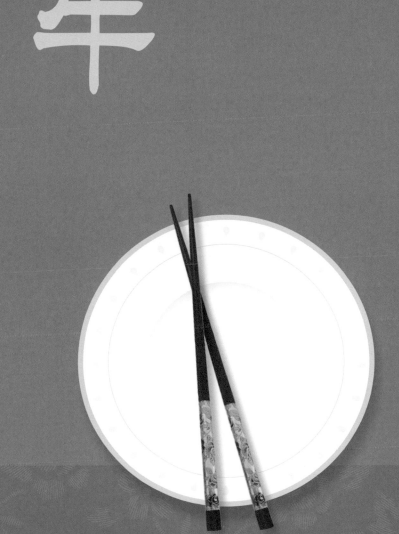

春段
開胃小吃

董振祥

特點

造型精緻，清爽可口。

技法 烤

材料

主料：牛肉300克，韭菜、海米、豆芽、菠菜、木耳各80克

配料：雞蛋

調料：鹽、胡椒粉、麻油、芡粉

製作步驟

1. 牛肉切成絲，掛芡粉糊，滑油製熟。海米入鍋炸熟，撈出瀝油。豆芽焯水，切段。木耳泡軟切絲。韭菜洗淨，切段。菠菜焯水，切段。

2. 將主料加調料拌勻，待用。雞蛋入鍋攤成蛋皮，待用。

3. 把所有原料捲在蛋皮裏，上烤箱烤10分鐘，取出切段，裝盤即可。

製作關鍵

製作蛋皮的蛋液中加入少許芡粉，可使蛋皮不易破裂。

爆香蔥絲
麻辣三鮮

呂敬來

特 點

麻辣味濃，色澤金黃。

技法

材料

主料：牛肉300克，帶子、蝦仁各200克

配料：蔥絲

調料：白糖、白胡椒、豆瓣醬、芡粉、麻油

製作步驟

1. 牛肉切丁，與帶子、蝦仁一起放入油鍋中滑熟；將蔥絲用油炸成金黃色，備用。

2. 鍋中放油，加豆瓣醬及其他調料調味，再放入牛肉丁、帶子、蝦仁同炒，盛入盤中。

3. 將炸好的蔥絲放在盤中點綴即可。

製作關鍵

控制好油溫。

牛肉
拉麵沙拉

葉卓堅

特 點

鮮嫩爽口，色彩分明。

技法 煎、煮、拌

材料

主料：牛柳300克、拉麵200克

配料：沙拉菜、橄欖油

調料：鹽、雞粉、法國芥末籽醬、醋汁

製作步驟

1. 平底鍋入少量橄欖油燒熱，放入牛柳煎至上色，切成薄片，捲起，淋上法國芥末籽醬，待用。

2. 拉麵入鍋煮熟後取出，瀝去水份，拌入調料，裝盤。

3. 沙拉菜用純淨水浸泡，瀝乾水份，裝入放有麵條的盤中，淋上醋汁，最後再放上牛肉卷即可。

製作關鍵

一定要挑上好的牛柳，煎時不可過熟。

牛

青芥
火龍牛柳粒

林鎮國

特點

芥味香濃，顏色鮮豔。

技法 炒

材料

主料：澳洲牛柳粒200克

配料：火龍果粒、彩椒片

調料：鹽、雞粉、白糖、青芥辣、芡粉、蒜茸

製作步驟

1. 澳洲牛柳粒用鹽、雞粉、芡粉稍醃，入鍋煎熟，備用。

2. 油鍋燒開，入蒜茸、彩椒片爆香，再加入牛柳粒，加鹽、
   雞粉、白糖調味，用芡粉勾芡，加入火龍果粒炒勻。

3. 將青芥辣調開，放入鍋內稍微翻炒，出鍋裝盤即可。

製作關鍵

澳洲牛柳不能煎得太熟，青芥辣遇熱辣味就會消失。

牛

清湯牛白腩

林鎮國

(特)(點)

湯鮮肉脆,香味濃郁。

技法

材料

主料:牛白腩1000克

配料:蘿蔔塊、紅椒片、香芹段

調料:雞粉、鹽、魚露、白胡椒粒、清湯

製作步驟

1. 將牛白腩汆水,放入湯中,加入白胡椒粒慢火煲約2小時,再加上蘿蔔塊煲30分鐘。

2. 將蘿蔔和牛白腩取出,切成片,盛入大碗中。清湯用雞粉、鹽、魚露調味,加上香芹段、紅椒片,淋在牛白腩上即成。

製作關鍵

牛腩有牛白腩和牛坑腩兩種,坑腩多肉,白腩多筋,但是白腩口感更好。煲製時注意不要過火。

雪菜牛肉卷

王海東

特點

色澤紅潤，口感軟嫩。

技法 烤

材料

主料：牛通脊500克

配料：雪菜

調料：鹽、料酒、黃油、胡椒粉

製作步驟

1. 牛通脊去筋膜，片成0.5厘米厚的大片。

2. 將肉片加調料醃漬入味。

3. 雪菜入鍋炒熟，捲入牛肉片中，用模具固定，上烤箱烤15分鐘，取出，改刀裝盤，澆汁即可。

製作關鍵

肉質要爽嫩，雪菜要不變色。

淮南牛肉湯

陶連喜

特點

原汁原味，鹹辣香鮮。

技法 燉

材料

主料：黃牛肉、牛骨、牛雜各250克

配料：粉絲、千張、豆餅

調料：鹽、胡椒粉、香料包、香菜（芫荽）

製作步驟

1. 牛肉切成大塊，放清水中浸泡，去淨血污，與牛骨、牛雜同入鐵鍋內，旺火燒沸後撇去浮沫，下香料包，轉文火燜煮至熟。

2. 食用時將各種配料放入碗中，沖入用鹽、胡椒粉調好味的牛肉湯，放入牛肉、牛骨、牛雜，撒香菜即可。

製作關鍵

香料要齊全，湯汁要濃。

壽洲餅

陶連喜

特點

地方特色濃郁。

技法

材料

主料：牛肉500克

配料：香菜（芫荽）、豬油、韭菜、肉絲、油酥麵、水油麵

調料：鹽

製作步驟

1. 牛肉加香菜炒好，放盤中。韭菜、肉絲加鹽、豬油製成韭菜肉絲餡。

2. 油酥麵加水油麵混勻，包入韭菜肉絲餡，成壽洲餅。

3. 把壽洲餅順鍋貼一圈，放少量水，加蓋蒸熟至起泡。

4. 鍋內水乾後加油燒熱，用熱油淋餅，至呈鵝黃色即成。

製作關鍵

油酥麵和水油麵的比例要適當。

特點

軟適口，鮮香味美，地方風味獨特。

技法 蒸

材料

主料：肥牛800克

配料：宜賓碎米芽菜

調料：紅醬油、白糖、鹽、泡辣椒、料酒、老薑、花椒、八角、白芷、草果、精煉油

製作步驟

1. 將肥牛入沸水內汆去血水，洗淨入鍋內，加水，放入老薑(拍破)、花椒、八角等香料，烹入料酒，小火煨至八成時，撈出。鍋入油燒至七成熱，放入肥牛炸進皮，撈出晾涼，切成肉片，碼在蒸碗內，放入鹽、醬油、白糖，待用。將泡辣椒切節，待用。

2. 鍋上火，入油燒熱，放入碎米芽菜、泡椒節炒香，起鍋盛於蒸碗內肉片之上，入籠旺火蒸約20分鐘，翻扣於盤中即成。

製作關鍵

芽菜一定要炒香。

牛

紅扒牛三寶

邵澎波

特點
肉味鮮嫩，筋韌不老。

技法 滷、扒

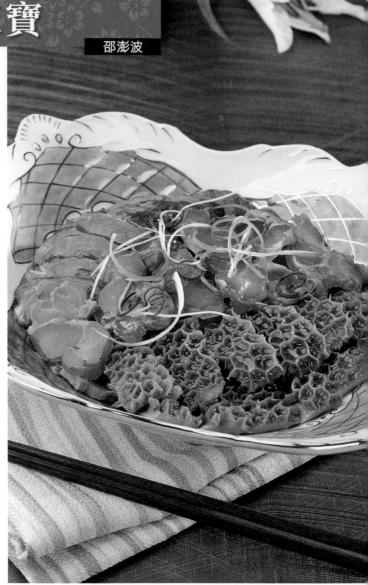

材料

主料：牛腱、牛蹄筋、牛金錢肚各200克

調料：牛肉汁、一品鮮醬油、料酒、高湯、芡粉

製作步驟

1. 將三種原料放入滷水鍋中煮爛，取出切片，分別擺入盤中。

2. 鍋加底油，放入牛肉汁、醬油和料酒，加入高湯，推入三種原料，利用扒的技法，使之入味，用水芡粉勾芡，大翻勺裝盤即成。

製作關鍵

確保色澤和整體形狀。

玉扇牛肉粒

孫昌弼

特點

玉扇為皿，牛肉為菜，有型、有味、有趣。

技法 炒

材料

主料：牛柳400克、冬瓜1500克

配料：大松仁、雞蛋液、胡蘿蔔粒

調料：鹽、薑米、蒜茸、小米椒、香辣油、白糖、高湯

製作步驟

1. 將牛柳切成黃豆大小的粒，汆水後加調料醃漬入味，備用。

2. 松仁入油鍋炸製酥脆，攤涼備用。冬瓜改成塊，製成扇面瓜盒。

3. 將牛肉粒掛勻雞蛋液，過油，加胡蘿蔔粒炒熟，裝在蒸熟的扇面瓜盒中，再撒上松仁即可。

製作關鍵

1. 醃漬牛肉粒時一定要上好漿，否則導致口感粗糙。

2. 蒸製扇面瓜盒時必須加高湯，且時間不能太久，斷生即可。

牛

炒沙茶牛肉

蕭文清

特點

肉質嫩而爽滑，沙茶香辣味濃。

技法

材料

主料：牛肉300克

配料：芥蘭、生油、生薑、芡粉

調料：沙茶醬、白糖、鹽、紹酒、麻油

製作步驟

1. 牛肉切成片，加入鹽、清水，用手攪至肉質有黏度時再加入芡粉、生油，攪勻待用。將芥蘭洗淨，切段待用。

2. 把沙茶醬盛入碗內，加入白糖、紹酒、麻油，攪勻，成調味料。

3. 炒鍋入油燒至180℃，放入牛肉拉油，再撈出瀝油。鍋內留少量生油，放入芥蘭爆炒後盛入盤中，再將牛肉倒回鍋內，倒入調味料，翻炒後攤在芥蘭上即成。

製作關鍵

1. 在拉油時要快捷，否則會影響牛肉質地。

2. 投入調味料後翻炒時間不宜太久，否則會影響成菜的質量和味道。

金湯
雪花肥牛

鄔小平

特點

色澤金黃，鮮嫩味美，爽滑開胃，香氣誘人。

技法

材料

主料：Ａ級肥牛500克

配料：薑粒、上湯、金針菇

調料：咖喱醬、味粉、鹽、糖、雞精

製作步驟

1. 將凍硬的Ａ級肥牛用刨刀刨成薄片，待用。

2. 淨鍋上火入油，放入薑粒炒香，入上湯，用咖喱醬及其他調料一起調味、調色，燒沸後放入肥牛片、金針菇，略煮入盤即成。

製作關鍵

肥牛菜品要求嫩滑多汁，所以要注意火候，以免口感發柴。

蟹黃
鵝肝牛肉餅

鄔小平

特 點
色澤清爽秀麗，醬香味美爽口。

技法 煎

材料

主料：牛肉500克，蟹黃、鵝肝各100克

配料：小棠菜心、洋蔥粒、馬蹄肉、青紅椒米

調料：薑汁、蠔油、鹽、白糖、雞粉、胡椒粉

製作步驟

1. 把牛肉洗淨，敲打成茸狀，加調料調味。把馬蹄肉改刀成小粒，放入調好味的牛肉茸中拌勻，打至上勁。把鵝肝改刀成粒狀，包入牛肉茸中，成牛肉餅生坯，待用。小棠菜心焯水，待用。

2. 淨鍋上火入油，將牛肉餅生坯入鍋煎至熟呈金黃色，裝入盤中，撒上蟹黃，淋上蠔油芡即成。

製作關鍵

醃漬過的牛肉口感爽嫩；鵝肝粒包入牛肉餅內要收口，以防煎扒時牛肉餅內的鵝肝流失。

牛

窩燒牛腩

莊偉佳

 特點

香脆味濃。

技法 燜、炸

材料

用料：牛腩400克、八角等香料、脆漿適量、
植物油適量

製作步驟

用八角等香料將牛腩燜至淋滑，改成片形，
上脆漿，入油鍋炸至呈金黃色即可。

製作關鍵

牛腩的腍滑度。

官燒牛肉

高峰

特 點

鹹甜微辣，色澤豔麗。

技法 炒

材料

主料：牛肉400克

調料：辣椒糊、鹽、糖、醋、胡椒粉、桂皮粉、紅葡萄酒、雞蛋液、芡粉、紅油

製作步驟

1. 取牛肉去筋膜，頂切大厚片，剞十字刀，改成丁狀。

2. 將牛肉用辣椒糊等調味品略醃入味，用雞蛋液、芡粉上漿，待用。

3. 起鍋燒熱，加紅油，投入漿好的牛肉丁，推炒成熟，出鍋裝盤即成。

製作關鍵

1. 口味要微辣。

2. 色澤要豔麗。

乾椒爆雙牛

朱培壽

特點

葷素搭配合理，質脆味香，具有西式風味。

技法

材料

主料：牛肉300克

配料：牛肝菌、乾椒

調料：鹽、植物油

製作步驟

1. 牛肉、牛肝菌切片後過油，備用。

2. 鍋中入油燒熱，入乾椒炒香，加入牛肉片、牛肝菌片及調料，爆炒成熟即可。

製作關鍵

突出牛肝菌應有風味。

滇味牛乾粑

朱培壽

特點

鹹鮮香醇，滋味醇厚。

技法 炸

材料

主料：牛乾粑400克、乾椒絲100克

調料：鹽

製作步驟

將牛乾粑切片，與乾椒絲一同下入油中，待炸出香味後加調料調味，起鍋裝盤即可。

製作關鍵

調味應根據主料原有口味進行調製，避免過鹹。

荷葉牛肉卷

趙仁良

特點

荷葉味濃，清新典雅。

技法 烤

材料

主料：牛肉餡400克

配料：荷葉、雞蛋

調料：鹽、糖、蠔油、黑椒、香茅、油、蒜茸

製作步驟

1. 將牛肉餡加入鹽、雞蛋攪打上勁，待用。

2. 用油炒香蒜茸，加上述調料調好味，拌入肉餡中，用荷葉包好，上火烤熟即成。

製作關鍵

牛肉餡要求肥瘦搭配。

牛

原籠
粉蒸牛肉

姚楚豪

(特)(點)

香辣鮮嫩，軟糯入味，口味多變。

技法

材料

主料：黃牛腿肉350克

配料：綠葉蔬菜

調料：郫縣豆瓣醬、甜麵醬、黃酒、醬油、炒米粉、麻油、葱花、薑末、糖、乾芡粉、花椒粉、辣椒粉、香菜(芫荽)

製作步驟

1. 牛肉去筋，順絲切成4厘米長、1.5厘米寬、0.5厘米厚的片。蔬菜去老葉，洗淨。

2. 將牛肉片放入盆內，加葱、薑、郫縣豆瓣醬、甜麵醬、醬油、黃酒、糖、芡粉、少量清水拌和均勻，醃漬5分鐘，再加炒米粉、麻油拌勻，待用。

3. 小竹籠(直徑17厘米、高7厘米)底鋪放綠葉蔬菜，將牛肉片逐片鋪在蔬菜上面，用大火蒸至牛肉斷生為止。

4. 燒熱鍋，放麻油、葱花炸香，淋在牛肉上即成。上桌時跟上辣椒粉、花椒粉、香菜末做作料，可使口味多變。

製作關鍵

粉質(炒米粉)要細一點。肉片厚薄要均勻。在大火上蒸至牛肉斷生，不宜蒸過頭。

酥皮
咖喱牛腩

童輝星

特點

外酥內嫩，咖喱味濃。

技法 燜、炸

材料

主料：牛腩600克

配料：麵粉、芡粉、泡打粉、紅辣椒、蒜子、洋葱

調料：薑、葱、鹽、冰糖、草果、山藥、白芷、甘草、香葉、胡椒粉、八角、桂皮、花椒、咖喱醬、花生油

製作步驟

1. 牛腩切成小四方塊，放入鍋裏氽水後，入清水中清洗乾淨，吸乾水份，放入已調好的白滷水中入味約40分鐘，取出待用。

2. 牛腩掛上已調好的脆皮漿，放入燒至七成熟的油鍋，炸至金黃色出鍋，即可改刀裝盤。

製作關鍵

調好滷水味。炸時注意掌握油溫。

煎燻肉牛卷

特點
西菜中做，肉鬆軟，味香鮮醇，微辣。

技法 煎

材料
主料：牛肉350克、冰鮮燻五花肉條150克

配料：洋葱、雞蛋、麵粉

調料：雞粉、料酒、鹽、雞精、黑胡椒粉、上湯

製作步驟
1. 將牛肉剁碎，洋葱切碎，加鹽、胡椒粉、雞粉調味，拌勻為餡。

2. 冰鮮燻五花肉條切成12個8厘米長的條，加蛋麵糊拌勻，待用。

3. 將牛肉餡分成12個小團，用燻五花肉卷好，上煎鍋慢火煎至兩面呈金黃色，加上湯、雞精、鹽、黑胡椒粉，勾芡淋上。

製作關鍵
煎製時掌握好火候，一定要煎熟透。

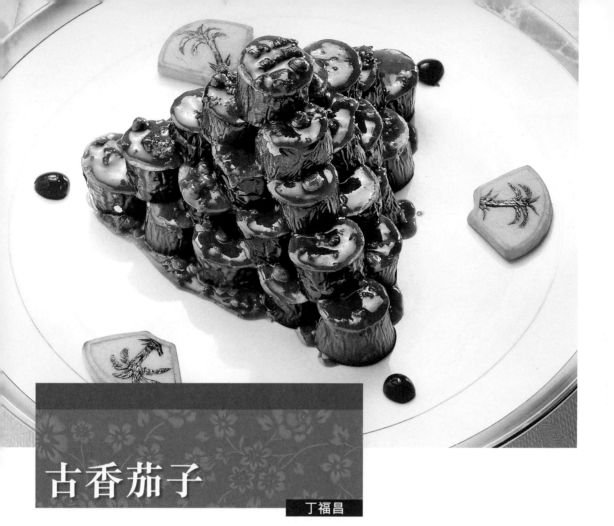

古香茄子

丁福昌

特點

酥脆香嫩，香辣適口。

技法

材料

主料：牛肉餡200克、茄子450克

配料：青豆

調料：辣醬、雞粉、芡粉、精製油

製作步驟

1. 茄子改刀成寸段，掏空瓤，釀入調好味的牛肉餡。

2. 釀餡茄子拍芡粉，入油鍋炸製成熟，碼盤待用。

3 鍋內加底油，放入調料，收汁淋在茄子上。青豆焯熟後點綴盤邊即可。

製作關鍵

掌握好炸製茄子的時間和火候。

香菜牛肉丸

蘇傳海

特點

湯清味鮮，丸子滑嫩，清香爽口不膩。

技法

材料

主料：鮮黃牛肉750克

配料：冬筍肉、香菜(芫荽)、蛋白

調料：鹽、料酒、水芡粉、花椒粉、乾芡粉、蔥、薑

製作步驟

1. 鮮黃牛肉剁成細茸，放入盆中，加入蔥薑汁，加料酒、鹽、蛋白、水芡粉、水，攪打均勻至上勁，成牛肉餡。

2. 香菜洗淨，用開水略燙，切成末，冬筍肉切成末，一起放入拌好的牛肉餡中拌勻，再擠成大小一致的牛肉丸子，逐個滾上乾芡粉，待水燒開離火，將丸子入水，用小火汆4~5分鐘，丸子飄浮起來後撇淨浮沫，調準口味，燒開出鍋，盛入湯盆中即可。

製作關鍵

1. 剁肉時一定要用刀刃細細地排剁。

2. 製丸子時，蔥薑汁一定要加足，否則鮮味不夠突出。

牛

麻辣汁
泡牛肉

李培雨

特 點

麻辣鮮香，汁寬味濃。

技法

材料

主料：白煮熟牛肉400克

調料：清湯、花椒粉、鹽、辣椒油、麻油、蒜茸、白糖

製作步驟

1. 牛肉切薄片，整齊地碼入小碗中。

2. 清湯放入碗內，加入花椒粉、辣椒油、鹽、蒜茸、白糖、麻油，調成麻辣汁，澆入牛肉碗中即可。

製作關鍵

要選用精嫩牛後腱肉。

夫妻肺片

李萬民

特點

麻辣鮮香。

技法 煮

材料

主料：牛肉、牛頭皮、牛肚共500克

配料：炒花生、芹菜

調料：鹽、牛肉湯、紅油、醬油、花椒末、薑、
蔥、料酒

製作步驟

1. 牛肉、牛頭皮、牛肚洗淨，放入沸水中，
   加薑、蔥、料酒、鹽，煮至熟透時撈出晾
   涼，切成大片。

2. 芹菜洗淨切細末，炒花生搗碎。

3. 牛肉、牛頭皮、牛肚裝盤，澆入用牛肉湯、
   紅油、醬油、炒花生末、芹菜末、花椒末
   調成的味汁即可。

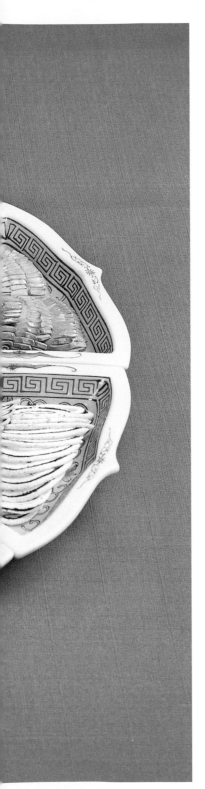

什錦攢盤

李啟貴

(特)(點)

造型對稱，刀工整齊，色澤淡雅，口味清新。

技法 (氽)、(蒸)

材料

主料：牛肉、蝦仁、魷魚、豬腰子、萵筍、肉腸、黃瓜皮、豆皮、芥蘭、紫薯、蛋皮卷、白蘿蔔卷各適量

調料：鹽

製作步驟

1. 將蝦仁製作成水晶蝦仁，切菱形塊，裝盤。

2. 將魷魚剞麥穗花刀，豬腰子剞梳子花刀，分別氽水燴拌，裝盤。

3. 將萵筍、黃瓜皮加鹽醃漬，入味裝盤；芥蘭焯水後入味裝盤。

4. 將肉腸、牛肉煮好，晾涼切片。蛋皮卷、白蘿蔔卷斜刀切塊，裝盤。

5. 將紫薯壓泥調味，用豆皮包裹成卷，蒸熟後斜刀切塊，裝盤即可。

牛

南瓜蒸肥牛

史正良

特 點

製法精細，軟鮮香，鹹鮮香辣，回味略甜。

技法 蒸

材料

主料：鮮肥牛肉400克

配料：牛腿南瓜、青椒把

調料：鹽、雞精、四川豆瓣醬(剁細、用油炒斷生)、五香粉、醪糟汁、料酒、紅糖、細薑粒、葱米、刀口花椒、生菜油、鮮湯、白醬油、蒸肉米粉

製作步驟

1. 牛腿南瓜切雕成10個小南瓜，從頂部五分之一處橫切下作蓋，將瓜蓋中心雕成凹形，把青椒把插入凹內。餘下的瓜座將中心挖空。然後放沸水內焯水，撈出待用。

2. 牛肉切成4厘米長、2厘米寬、0.3厘米厚的片，放碗內，加入以上各種調料拌勻，最後加入蒸肉米粉拌勻，分放於南瓜內，加蓋，放沸水籠內蒸熟。

3. 蒸好的南瓜間隔擺放盤內，點綴後即成。

製作關鍵

南瓜大小要一致，蒸時用旺火一氣蒸熟。久蒸變形，中途斷火會上水。

牛

酥皮
番茄牛腩湯

余明社

特點

酥皮增加湯的口感層次。

技法 先燉 後烘

材料

主料：牛腩、番茄各250克

配料：麵粉、雞蛋

調料：黃油(牛油)、鹽、白糖、大紅浙醋

製作步驟

1. 用麵粉、黃油、水和成乾油酥和水油酥，乾油酥和水油酥層層疊起，擀開備用。

2. 將牛腩和番茄加入調料做成牛腩湯，備用。

3. 將酥餅生坯放烤箱中烤至外皮起酥，取出配合牛腩湯一起食用即成。

製作關鍵

酥皮要和好，分出層次。牛腩要先加工燉至酥爛。

魚香牛仔骨

唐澤銓

特點

西材中烹，外酥內嫩，魚香味濃郁。

技法 炸

材料

主料：進口牛仔骨400克

配料：米網、楊蘭、竹葉、法香

調料：鹽、料酒、胡椒粉、泡薑、蒜米、泡辣椒、葱花、白糖、陳醋、水茨粉、精煉油、薑片、葱段、乾葱頭、鮮湯

製作步驟

1. 將牛仔骨解凍，斬成6.5厘米長的塊，用薑片、葱段、乾葱頭、鹽、胡椒粉、料酒醃漬均勻，待用。

2. 泡薑、泡椒剁細，待用。白糖、陳醋、鹽、鮮湯、水茨粉對成滋汁。

3. 將醃好味的牛仔骨置盆中，用水茨粉碼勻。米網炸定形，撈出，菁幣中造型。

4. 鍋內放油燒至六成熱，放入牛仔骨稍炸，撈出，待油溫升至八成熱時再炸一下，撈出。

5. 鍋內留油，放入泡薑、泡椒末、蒜米炒出香味，倒入對好的滋汁，放入牛仔骨顛勻，撒葱花，起鍋入盤即成。

製作關鍵

牛仔骨一定要醃漬入味。

山菌
粉蒸牛仔骨

周元昌

特點

口感肥嫩，鮮香微辣。

技法

材料

主料：牛仔骨200克

配料：牛肝菌、茶樹菇、香辣粉蒸料

調料：燒肉醬、牛肉汁、鮮醬油、白糖、雞精、芡粉、蔬菜汁

製作步驟

1. 牛仔骨改刀，用蔬菜汁浸泡，上漿待用。

2. 牛肝菌、茶樹菇入煲內，加調料煲製入味，改刀切粒，與香辣粉蒸料拌勻，成菌菇粉蒸料。

3. 將牛仔骨拍拌上菌菇粉蒸料，擺於籠屜中，蒸製成熟即可。

製作關鍵

1. 牛仔骨上漿後需入冰箱冰鎮一會兒。

2. 菇菌粒與香辣粉蒸料的配比要恰當。

荷包金錢肚

丁福昌

特 點

鮮鹹糯爽，荷包香脆鮮香。

技法 燒

材料

主料：金錢肚300克

配料：菜心、蛋皮、海鮮餡

調料：雞粉、鹽、老抽、精製油

製作步驟

1. 用蛋皮包海鮮餡製成荷包，入油鍋炸製成熟，備用。

2. 金錢肚改刀，加調料燒製入味，澆明油，出鍋裝盤，外擺荷包和焯熟的菜心即成。

製作關鍵

荷包餡要調製入味，要控制好牛肚的蒸煮時間。

髮絲牛百葉

許菊雲

特點

湖南名菜，色澤白淨，集鹹、鮮、辣、酸於一體。

技法 炒

材料

主料：淨牛百葉1000克

配料：冬筍、紅辣椒、韭黃

調料：植物油、蒜子、鹽、料酒、米醋、水芡粉、麻油、雞湯、香蔥

製作步驟

1. 牛百葉切成5塊，放入桶內，倒入沸水攪動3分鐘撈出，揉去表面黑膜，漂洗淨，下冷水鍋煮七成熟。

2. 牛百葉除去外壁，切成約5厘米的細絲。冬筍、紅椒均切成稍短的細絲。香蔥切段。

3. 牛百葉用米醋和鹽揉去膻味，漂洗乾淨，擠乾水份。雞湯、米醋、麻油、水芡粉、蔥段對成汁。

4. 鍋內放油加熱至五成熱，下冬筍絲、牛百葉煸出香味，烹料酒，放紅椒、韭黃絲，加鹽，倒入對汁炒勻即可。

製作關鍵

1. 烹製時掌握火候。

2. 特別注意刀工技巧。

煨燒牛尾

丁福昌

特 點

色澤醬紅，軟爛鮮香。

技法 煨

材料

主料：牛尾750克

調料：老抽、白糖、藥料、高湯、芡粉、精製油

製作步驟

1. 牛尾改刀，除去血污。

2. 藥料包放入沸水中，加入牛尾煮製成熟。

3. 鍋內加底油，加入白糖炒至上色，加高湯、老抽等調料，放入牛尾，小火燒至軟爛，收芡，淋入麻油，出鍋裝盤即成。

製作關鍵

牛尾煨製時要形整不散，酥爛脫骨。

枸杞牛尾

朱雲顯

特 點

色澤紅亮，鹹鮮微甜。

技法 煨

材料

主料：淨牛尾750克

配料：枸杞子50克

調料：蔥、薑、蒜、香料、鹽、胡椒粉、黃酒、糖、植物油、雞湯、水芡粉

製作步驟

1. 將牛尾切長4厘米的節，汆水。

2. 鍋內入油，放薑、蔥、蒜、香料炒香，入牛尾、黃酒、糖色攪拌均勻，加雞湯燒1小時，加胡椒粉、枸杞子，用水芡粉勾芡即成。

製作關鍵

牛尾燒製要爛，色要紅亮。

蟹黃燒蹄筋

郭經緯

特點

滋味清鮮，蹄筋不油膩。

技法

材料

主料：發好的蹄筋400克

配料：葱末、薑末、蟹黃、菜心

調料：上湯、雞湯、鹽、料酒、雞粉、芡粉、
花生油、葱油

製作步驟

1. 蹄筋改刀切成整齊的長條狀。

2. 蟹黃切成大小整齊的顆粒。

3. 鍋內加雞湯，加鹽、料酒，把蹄筋汆透，
   擠乾水份。

4. 鍋內加花生油，入蟹黃一炸，再加葱末、
   薑末熗鍋，加上湯，蹄筋調好口味，勾芡，
   淋大葱油，攪勻，盛入菜心圍邊的盤內。

製作關鍵

1. 蹄筋發得要膨鬆，透去油分。

2. 口味要調好，燒的芡汁油度要適宜。

羊及其他

清湯糊羊

單玉川

特點
湯鮮肉爛，味道香醇。

技法 煮

材料

主料：去骨羊肉750克

配料：水發粉絲、枸杞子、香菜（芫荽）末

調料：鹽、胡椒粉、料酒、蔥段、薑片、花椒粒

製作步驟

1. 將羊肉入沸水中汆去血污，撈出。

2. 鍋中加水和各種調料，放入羊肉煮熟，撈出切成大片，待用。

3. 將粉絲放湯盆中，上面覆蓋羊肉片。將羊肉湯加調料調好味，撒香菜末、枸杞子，灌入湯盆即可。

製作關鍵
羊肉汆水後要用清水洗淨。

黨參羊排

單玉川

特點

肉爛湯鮮，滋補營養。

技法 燉

材料

主料：羊排800克

配料：黨參、小菜心

調料：鹽、胡椒粉、料酒、薑片、葱節、清湯

製作步驟

1. 將羊排洗淨，斬成條，汆水後撈出，待用。

2. 鍋中加入清湯，放入汆好的羊排，放入黨參燉至酥爛，加入調料，羊肉將熟時放入菜心，調好味即可出鍋。

製作關鍵

羊肉汆水後要泡淨血污。

羊及其他

金牌羊裏脊

宋其遠

特點

鹹鮮辣香，味道獨特。

技法

材料

主料：羊裏脊肉200克、麵粉200克

配料：生菜葉、青紅椒

調料：韓式辣醬、孜然粒、鹽、水芡粉、雞蛋

製作步驟

1. 將羊脊切成均勻的骨牌片，加調料醃漬30分鐘。

2. 取麵粉製成燙麵空心餅，入油鍋炸酥，待用。

3. 醃漬好羊裏脊肉入油鍋滑熟，放入調料略翻，用水澱粉勾芡出鍋，食用時將裏脊肉裝入麵餅即可。

製作關鍵

羊脊肉提前醃漬入味，麵餅炸時不宜油膩。

燒羊肉

石萬榮

特點

肥嫩香爛，外焦內嫩，入口不膩，色澤金黃。

技法 先 煨 後 炸

材料

主料：羊肉500克(以腰窩、前腿、脖頭為佳)

配料：青瓜、小葱段、荷葉餅

調料：黃醬、醬油、葱段、薑片、蒜片、花椒、八角、桂皮、肉料、花生油、椒鹽、蒜茸辣醬、鹽

製作步驟

1. 將羊肉浸泡出血水，放入開水鍋中，汆透撈出。

2. 坐鍋上火，放入底油燒熱，下入黃醬炒出香味，加清水熬開，過濾成醬湯，放入羊肉，加開水、醬油、鹽、花椒、八角、桂皮、葱段、薑片、蒜片，撇去浮沫，放入肉料，用小火煨至熟爛，撈出，坡刀切成3塊。

3. 將羊肉塊放入熱油中炸透至紅色，撈出，用刀拍鬆，切成1厘米寬的條。青瓜、小葱入盤中墊底，羊肉碼上面，上桌時帶一碟自製椒鹽和一碟蒜茸辣醬。

製作關鍵

1. 宜選用上好的羔羊的腰窩。羊腰窩要除淨血水和腥羶味。

2. 煨製時火候要足夠。要用八成熱的油高溫速炸。

羊及其他

炭燒羊T骨

鄔小平

特 點

椒香濃郁，味美鮮嫩，醬味醇和。

技法 烤

材料

主料：新西蘭T骨羊排600克

配料：青紅椒粒、薑粒、蒜茸、洋蔥粒、蔥花

調料：紅燒汁、醬油、鹽、白糖、胡椒粉

製作步驟

1. T骨羊排自每一根肋骨的中間改刀成件，洗淨，加調料醃漬入味，備用。

2. 平底鍋上火入黃油，將T骨羊排依次下鍋煎至金黃，入烤盤。將配料炒香，澆在T骨羊排上，放入烤箱，用上火130℃、底火150℃的溫度烤5分鐘，取出裝盤即成。

製作關鍵

煎T骨羊排應猛火快速煎至金黃，時間過長容易使T骨羊排失水，影響T骨羊排口感。

黑椒汁羊排

王海威

特點

肉香醇正，火工考究，低脂高纖。

技法 烤

材料

主料：新西蘭羊排500克

調料：黑椒醬、鹽、白糖、雞粉、奶油、胡椒粉、水芡粉、白蘭地酒、叉燒醬、香芹汁

製作步驟

1. 羊排整理成形，加入白蘭地酒、叉燒醬、香芹汁及鹽、白糖、雞粉、奶油、胡椒粉、水芡粉，醃2小時，待用。

2. 烤箱升溫至200℃，放入醃好的羊排烤20分鐘，取出裝盤，淋黑椒汁、配沙拉即可。

製作關鍵

羊排的成熟度可根據個人需要烹製。

天祝烤羊腿

趙長安

特 點

鹹香味醇，外香內酥，造型新穎，地域特色鮮明。

技法 烤

材料

主料：淨羊羔肉後腿500克

配料：麵粉、泡打粉、紅絲帶

調料：鹽、料酒、雞粉、椒鹽、辣椒粉、孜然粉、小茴香、花椒粒、草果、大蔥

製作步驟

1. 將羊腿從中間劃開去骨，用鐵簽子扎孔，加鹽、料酒、花椒粒、小茴香、蔥段醃漬6小時，再加水上籠蒸2小時，取出放入盤中，抹上麵粉、辣椒粉、泡打粉打成糊，再用中火烤15分鐘，等肉質變成金黃色後取出。

2. 將生菜墊在盤底。羊腿取骨，擺在生菜葉上，再把羊腿肉片成大片，擺在羊骨上，裝成原狀。在羊腿骨上紮上紅絲綢花，跟孜然粉、椒鹽一同上桌即可。

製作關鍵

掌握好烤製火候。

孜然羊肉
夾荷葉餅

趙長安

特 點

小煎小炒，滋味香美，西域特色，吃
法獨特。

技法 炒

材料

主料：精羊肉400克、荷葉餅適量

配料：洋葱、紅椒、青椒、薑、蒜

調料：鹽、雞粉、孜然粉、辣椒粉、十三香、
胡椒粉、紅油、麻油

製作步驟

1. 將精羊肉、洋葱、青椒、紅椒切成1厘米的
   小丁，備用。

2. 鍋燒熱，入涼油，放入薑、蒜末熗鍋，先
   放切好的生羊肉，煸炒至變色，再放入青
   椒、紅椒、洋葱丁，加鹽、雞粉、孜然粉、
   辣椒粉、十三香、胡椒粉煸炒成乾香味，
   炒熟後淋麻油、紅油，出鍋。

3. 把荷葉餅蒸熱，放在盤邊，中間放上炒好
   的羊肉丁，上桌即成。

製作關鍵

下料的順序、火候要掌握好。

*十三香：是中國菜使用的一種調味料，因使用約13種材料混合而得名。但實際上有20多種成份，包括1.八角、2.丁香、
3.山奈、4.山渣、5.小茴、6.木香、7.甘松、8.甘草、9.乾薑、10.白芷、11.豆蔻、12.當歸、13.肉桂、14.肉蔻、15.花椒、
16.孜然、17.香葉、18.辛庚、19.胡椒、20.草果、21.草蔻、22.陽春砂。

羊及其他

143

紅咖喱羊排

范民其

特點

羊排鮮嫩，無羊羶味。

技法

材料

主料：新西蘭羊排1000克

配料：洋葱、酸青瓜、番茄、生菜、紅椒

調料：紅咖喱、白糖、淡奶、芡粉、蘿蔔芹菜汁、嫩肉粉、精製油

製作步驟

1. 羊排開片，加調料入味、上漿，入油鍋煎熟，烹紅咖喱汁。

2. 洋葱打底，放上羊排，番茄、酸青瓜、生菜、紅椒圍邊。

製作關鍵

羊排上漿時放蘿蔔芹菜汁、嫩肉粉。

羊及其他

145

大漠風沙 (茄餅)

朱雲顯

特 點

茄夾色澤金黃，味鹹、鮮、麻、香、酥。

技法 炸、炒

材料

主料：淨羊肉180克

配料：長茄

調料：蔥、薑、蒜、乾辣椒、鹽、植物油、雞蛋、麵粉、黃酒、花椒粉

製作步驟

1. 羊肉切餡，加入黃酒、鹽、蔥末、薑末拌勻。

2. 長茄切夾刀片，把肉餡夾入。麵粉、雞蛋、水、油調糊，備用。

3. 茄夾掛糊，入四成熱油中炸至金黃成熟。

4. 鍋內入油，放蒜炒至金黃色，放乾椒炒香，入炸熟的茄夾，放鹽、花椒粉拌勻即成。

製作關鍵

炸製茄夾時，糊要拌勻。

紅燜羊腩

唐文

特點

色澤紅潤，口味鮮香。

技法

材料

主料：羊腩750克

配料：油菜心

調料：紅麴粉、香葉、桂皮、蠔油、雞精、鹽、高湯、油、水芡粉

製作步驟

1. 鍋中加水燒沸，放入羊腩，加桂皮、香葉、鹽、紅麴粉煮熟，撈出瀝淨水份，待用。

2. 鍋內加多量油，待油六成熱時放熟羊腩，炸至火紅色撈出，稍涼後切成片，均勻碼在碗中，再加蠔油、雞精、高湯，上屜蒸至羊腩軟爛取出，扣入盤中。

3. 鍋內加湯和調味品，調好口味，湯開後撇去浮沫，用水芡粉勾芡，澆在羊腩上。

4. 鍋內加油，將菜心清炒後加調味品入味，整齊地碼在盤邊即成。

製作關鍵

1. 羊腩要選用較嫩的乳羊腩。

2. 羊腩炸製時顏色不宜過重，以免影響菜餚的色澤。

3. 羊腩碼入碗內要整齊均勻，以使菜餚造型美觀。

紅扒羊方

呂長海

特 點

色澤紅亮，肉軟香爛，味道鮮美。

技法 蒸

材料

主料：帶皮羊肉1塊（1500克）

配料：大葱、菜心

調料：醬油、料酒、八角、湯、水芡、植物油

製作步驟

1. 把羊肉汆水洗淨，抹上醬油，炸黃，切成方塊，裝在盤中，加調料、湯，上籠蒸爛。

2. 鍋放在火上，將蒸羊肉汁倒入，再勾芡烘汁，把汁澆在羊肉上即可，菜心點綴上桌。

製作關鍵

羊肉要入味、軟爛。

跳水雙鮮

張志斌

特(點)

鮮香滑嫩，食法別致。

技法

材料

原料：鹿肉250克、魷魚300克

調料：嫩肉粉、食粉、鹽、料酒、蠔油、芡粉、味汁、沙拉油

製作步驟

1. 將鹿肉切片，加嫩肉粉、食粉、鹽、料酒、蠔油、芡粉拌勻，醃2小時後，與魷魚片一起用竹籤穿好，裝盤。

2. 配味汁碟與燒熱的沙拉油碟上桌，涮食即可。

製作關鍵

要掌握好醃漬時間。

井岡山
扣鹿肉

歐陽仟來

特 點

肉質軟爛，味道香濃。

技法 先滷後蒸

材料

主料：精選鹿肉450克

配料：枸杞子、上海菜膽、白果

調料：濃湯、雞汁、鮮味寶、鹽

製作步驟

1. 活鹿宰殺後取精後腿肉改刀，放入老滷中滷製。

2. 鹿肉冷後切片，扣碗，加入雞汁、濃湯，上籠蒸製熟透，扣入盤內。

3. 取上海菜膽去蒂，焯水入味，擺於盤邊。將發製好的白果、枸杞子加鹿肉湯勾芡澆上即成。

製作關鍵

鹿肉要滷透、熟爛。

辣爆鹿肉

屈浩

特 點

味道鮮美，鹹香微辣，鹿肉軟嫩。

技法 炒

材料

主料：鹿肉300克

配料：青紅椒

調料：乾辣椒、蠔油、老抽、白糖、料酒、薑水、馬蹄蔥、薑片

製作步驟

1. 將鹿肉切成薄厚均勻的片，上漿，入溫油滑至斷生。

2. 青紅椒切象眼片，過油，滑至斷生。

3. 鍋內打底油，下入乾辣椒段，煸到紫紅色時下入主配料及調料翻炒均勻，出鍋裝盤即成。

製作關鍵

鹿肉要醃好，油溫要控制好，小料和辣椒要煸到火候。

雞汁
鹿筋菜膽

許菊雲

特 點

軟糯香醇，色澤光亮。

技法 煨

材料

主料：水發鹿筋1000克

配料：菜膽

調料：雞油、鹽、胡椒粉、濃雞湯、葱、薑、料酒、水芡粉

製作步驟

1. 將水發鹿筋解切成形，用葱、薑、料酒汆水，待用。

2. 在砂煲中放入竹箅，將鹿筋放在竹箅上，放入雞湯和調料，用小火煨約4小時後，收汁裝盤，拼上入好味的菜膽即成。

製作關鍵

發製鹿筋時要除去異味。

蒜子燒鹿筋

屈浩

特點

鹿筋棗紅，質軟糯，味鹹鮮，蒜香濃郁。

技法

材料

主料：水發鹿筋300克

配料：獨子蒜、油菜心

調料：鹽、料酒、蔥薑水、白糖、高湯、蔥蒜油、水芡粉、油

製作步驟

1. 水發鹿筋用開水煮一下，撈出控水。

2. 鍋內放底油，炒糖色，下鹿筋翻滾均勻，下高湯、調料和炸好的蒜子，用小火燒烤入味後，用水芡粉勾芡，打入蔥蒜油，出鍋裝入盤中。

3. 油菜心用油煸炒入味，淋入少許水芡粉，將汁收住，起鍋圍在燒好的鹿筋旁。

製作關鍵

鹿筋發製要軟硬一致。

海參燒鹿筋

李啟貴

特點

濃香軟糯,健體強身,營養豐富。

技法 煨

材料

主料:遼參100克、鹿筋200克

配料:青蒜段

調料:鹽、糖、雞湯、醬油、料酒、麻油

製作步驟

1. 將遼參、鹿筋發好,煨透入味。

2. 鍋內下入雞湯及調料,放入煨好的遼參、鹿筋和青蒜段,入味收汁即可。

猴頭鹿筋

王春山

特點

鹹香軟酥，口味鮮美，滋補強身。

技法

材料

主料：水發鹿筋450克、鮮猴頭菇150克

配料：雞脯肉、荷蘭豆、冬瓜、胡蘿蔔、冬筍

調料：鹽、味素、老抽、料酒、白糖、蛋白、
芡粉、五香油、葱、薑、雞湯

製作步驟

1. 發好的鹿筋沖水去雜味，改成條狀。冬筍
   切片，焯水撈出。

2. 鍋內放入五香油、葱、薑熗鍋，倒入鹿筋、
   冬筍片，加入料酒、雞湯、老抽、鹽、味素、
   白糖等調味品，燜至酥軟入味，收汁盛入
   盤內。

3. 將雞肉打成茸，調味，將猴頭菇用高湯、
   調料蒸至入味，酥軟，做成桃形。用雞茸、
   荷蘭豆做葉，黏在猴頭菇上，上屜蒸熟，
   用高湯、調味品調味，勾芡，將白汁澆在
   上面，淋上明油，圍在鹿筋四周即可。

4. 將冬瓜、胡蘿蔔焯水，修成球形，圍在鹿
   筋外圍。

製作關鍵

鹿筋切條時長短要一致，雞茸要潔白，造型
要美觀。

羊及其他

155

富貴滿堂

張長義

特 點

口味醇厚，汁明芡亮，營養豐富。

技法 (燜)

材料

主料：發好海參、小鮑魚各200克，發好鹿筋、發好裙邊、發好魚唇、發好牛花(牛鞭)、發好珧柱、鵪鶉蛋、冬筍、花菇各100克

調料：料酒、植物油、鹽、鮑魚汁、海鮮醬、老抽、生抽、水芡粉、麻油、葱段、薑段、白糖、高湯

製作步驟

1. 將海參、裙邊、鹿筋、魚唇、牛花、冬筍分別用開水汆一下，備用。

2. 將鵪鶉蛋上火炸至呈金黃色，撈出備用。

3. 鍋置火上，放入底油，下葱段、薑段炒出香味，加高湯燒開，分別下入各種原料，燒開後加各種調料調味，燒至湯濃，用水芡粉勾芡即成。

製作關鍵

各種原料改切大小要一致。

人參
鹿茸燉老雞

閆海泉

特 點

湯鮮，湯濃，雞軟爛。

技法 燉

材料

主料：淨老雞1隻（約750克）

配料：人參、鹿茸、枸杞子

調料：鹽、雞汁、蔥、薑、料酒

製作步驟

1. 蔥切成段，薑切成片。

2. 將老雞洗淨汆水，放入湯中，加入蔥段、薑片、人參、鹿茸、枸杞子，加鹽、雞汁調味，燉至湯濃、味鮮、雞爛即可。

製作關鍵

燉製老雞時，湯開後用慢火煨製。

鹿茸
燉珍珠鴿

葉卓堅

特 點

湯汁清醇，具有一定的滋補保健作用。

技法

材料

主料：珍珠鴿1隻、鹿茸20克

配料：活鮑魚、薑、葱

調料：鹽、雞粉、黃酒、冰糖、胡椒粉、上湯

製作步驟

1. 將珍珠鴿同活鮑魚分別汆水，鮑魚改切成片，待用。

2. 珍珠鴿放入湯鍋中，放上鮮鮑片，加入薑、葱、黃酒、上湯、鹿茸，入蒸箱蒸透。

3. 蒸好後取出葱、薑，加調料調味即可。

製作關鍵

鴿子汆水後血水一定要沖洗乾淨。

紅酒袋鼠尾

鄔小平

##

色澤秀麗，味美嫩滑，肉質爽口，鮮香誘人。

技法 燜

材料

主料：袋鼠尾350克

配料：胡蘿蔔塊、蒜子、薑、蔥段、洋蔥、香葉、西芹

調料：高湯、紅酒、鹽、雞精、生抽、迷迭香、胡椒粉

製作步驟

1. 將袋鼠尾改刀成小塊，與胡蘿蔔、洋蔥、迷迭香一同燜至酥爛，備用。

2. 淨鍋置火上，入高湯、洋蔥塊、胡蘿蔔塊、紅酒等配料及調料燴燒，倒入壓好的袋鼠尾，調味收汁後勾芡即成。

製作關鍵

要適度，以能包裹住袋鼠尾為佳。

羊及其他